色と形で見わけ
散歩を楽しむ

花図鑑

監修 小池安比古
著 大地佳子
写真 亀田龍吉

ナツメ社

監修のことば

この図鑑を手にとっていただいて、ありがとうございます。世の中にはいろいろな図鑑がありますが、この図鑑がほかに比べてよいところは、いつでも、どこでも使えるような工夫がしてある点です。サイズがコンパクト、写真が豊富、最小限にとどめた解説文、ちょっとためになるコラムがあり、とても便利な図鑑です。休日に外出する時など、カバンに入れて持ち運んで、公園などに植えられている花や道ばたに生えている植物などを調べてみよう、という気持ちにさせてくれる図鑑です。いわゆるフィールド向きの図鑑ですから、この図鑑で調べた花や植物に興味をおもちになったのなら、その時にはぜひお近くの図書館などで大きな図鑑で、その花や植物についてもっと掘り下げて調べることをおすすめします。

この図鑑の写真の特長は、花をクローズアップするとともに、植物全体の姿が一目でわかるようになっている点です。また植物によっては、ほかでは見られないようなおもしろい、目をひくようなポイントとなる写真も役に立ちます。また解説の文章もわかりやすく、簡潔にまとまっており、著者の大地佳子さんの力量には脱帽します。

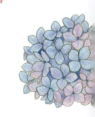

植物を観察することがはじめての方、また植物好きの方、どちらの方々にも絶好の図鑑だと思います。一方で、この図鑑のページをめくって、植物に興味をもたれる方も少なくないはずです。きっと、幅広い層のいろいろな方々によろこんでいただける図鑑であることを確信しています。もちろん、図鑑としてだけではなく、読み物としても楽しめる愉快な本としての性格も兼ね備えています。この図鑑が、不思議でおもしろい植物の世界へあなたを案内してくれるはずです。

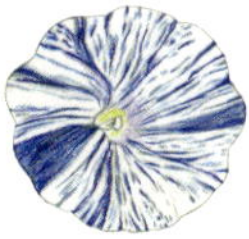

2018年4月

東京農業大学農学部
小池安比古

もくじ

写真提供　大地佳子、篠木善重、髙野丈、湯田博文、(株)大島紬村、アマナイメージズ、ピクスタ
ブックデザイン　西田美千子
イラスト　中澤季絵
編集協力　髙野丈(株式会社アマナ／ネイチャー&サイエンス)
編集担当　梅津愛美(ナツメ出版企画株式会社)

本書の使い方

本書は園芸種や野草、樹木を問わず、庭や花壇、道端、公園など身近な環境でよく見かける花555種を掲載した花図鑑です。初心者でも花の種類が調べやすいよう、花色と形の両方で検索できるのが特長です（調べ方については6ページを参照）。美しい写真とわかりやすい解説、さらに充実した観察のための情報も満載。本書を供にすれば、いつもの散歩が何倍も楽しくなります！

スイートピー

別名：ジャコウエンドウ、カオリエンドウ

Lathyrus odoratus

分類	マメ科レンリソウ属
生活	一年草
草丈	15~300cm
花期	12~6月
分布	イタリア原産
生育地	庭など

甘いのは香りだけ、食べられないマメ

チョウのような形で、パステルカラーの可憐な花を咲かせる。花の色はピンクや黄、白のほか、赤などさまざま。庭などで栽培される春咲き、夏咲きの種類は、秋に種子をまいて育てる。切り花には、温室栽培の冬咲きのものが用いられる。つる性で、葉の先の巻きひげで支柱やフェンスなどに絡みつく。3mほどまでのびることがあるが、近年は、草丈が20～60cmと低く育つ種類もプランター用に人気。果実はマメの形だが、毒があって食べられない。

見てみよう　葉巻きひげ

スイートピーは、葉の先に巻きひげがあり、支柱やほかの植物などにしがみつきながらのびる。これは葉の一部が巻きひげに変化した「葉巻きひげ」。

1 2 3 4 5 6 7 8 9 10 11 12

124

名前

和名にはよく使われる標準和名を、和名の下には学名を記しています。しばしば総称でよばれる園芸種の場合は、属名のみを記しています。

見出し

その花の特徴や個性を一言で表現しました。

解説文

花や葉の特徴、生態、名前の由来、似ている種などについて、できるだけ専門用語を使わず、大きめの文字でわかりやすく解説しています。

メイン写真

生え方や葉の形、フィールドでの雰囲気をつかめるよう、広めの写真を掲載しています。

コラム

五感を使った観察や実験、近縁種、関連種、つながりのある生きもの、また注意情報も紹介しています。

データ

分類 … 科名属名を記しています
生活 … 常緑か落葉か、一年草か多年草かなどを示しています
草丈／樹高 … 草の場合は草丈、木の場合は樹高を示しています
花期 … 花が咲く時期です
分布 … 自生する地域(園芸種の場合は原産地)です
生育地 … 生育している環境を示しています

花色のバリエーション

複数の花色がある場合、花色のバリエーションを示しています。

花色と形

掲載種の花を7色に分けました。これが花を調べるための手がかりの1つとなります。花色が複数ある種では、よく見かける色を選びました。また、もう1つの手がかりである花の形のアイコンもここに示しました。

※調べ方について詳しくは6ページを参照

花のアップ写真

細かな特徴がわかるよう、花のアップの写真を掲載しています。

花期

花の咲いている時期を直感的につかめるよう、グラフィック化しました。

トキワマンサク

Loropetalum chinense

分類	マンサク科トキワマンサク属
生活	常緑樹
樹高	3~6m
花期	2~4月
分布	本州(静岡県、三重県)、九州(熊本県)
生育地	山地、公園、庭など

ヒモのような細長い花弁の花

日本国内では、三重県伊勢神宮、静岡県湖西市、熊本県荒尾市の3カ所で局地的に自生しているが、公園や生け垣などに植栽されたものを見る機会が多い。5月頃、枝先に細長い花弁が4枚ある花が6~8個集まってつき、カーテンのタッセルのような姿になる。葉は常緑で、長さ2～4cmとやや小さく、互い違いにつく。花の色は白のほか、ピンク色の花が咲く変種のベニバナトキワマンサク(写真)やその園芸品種がよく栽培され、葉が赤みがかる種類もある。

関連種

マンサク

トキワマンサクと違い、マンサク属の植物。早春、ほかの花が咲く前に開花するため「まず咲く」が転じたのが名の由来。4枚のひものような花弁があり、がく片は赤茶色。

1 2 3 4 5 6 7 8 9 10 11 12

125

近縁種

生き物とのつながり

やってみよう

関連種

注意しよう

近縁種や関連種、園芸品種が多い花は、対向ページで紹介しています。

花の調べ方

身のまわりで見かける花の種類を初心者でも見わけられるよう、
2つの手がかりで調べられるように本書を編集しました。

❶ 色で見わける

掲載している花の色を、黄、オレンジ、赤、ピンク、紫、青、白の7色にグループ分けし、色のグループごとにページをまとめました。各色のグループ内の掲載順は、おおまかな花期で並べています。調べたい花と同じ色のグループのページで、写真と花期を手がかりに該当する種を探してください。複数の花色がある場合は、代表的と思われる色のグループに分けました。見つからない場合は、「❷ 形で見わける」を試してみてください。

❷ 形で見わける

掲載している花の形を17通りにグループ分けし、12～26ページまでの「花の形インデックス」に掲載しました（それぞれの形については10～11ページの説明参照）。それぞれの形のグループ内では、さらに花色ごとにまとめました。複数の花色がある場合は、同種の花色違いをできるだけ掲載しています（花色が多いものは マークをつけました）。調べたい花と同じ形を手がかりに、花色も参考にして、該当する花を探してください。

［検索例］

調べようとする花

色で調べる
→黄色

×

形で調べる
→タンポポ形

植物のからだのつくり

各部の名称

木

木は、地上部分が長年生き続け、繰り返し花を咲かせ、果実をつける。また、幹が年々太く生長し、堅くなるのも特徴。

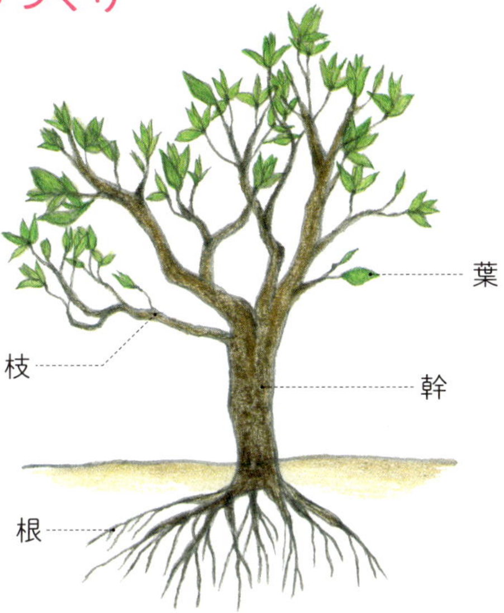

草

草は、茎が太く堅く生長しないのが普通。
地下茎から根や花茎《かけい》をのばすものや、
地下の球根に栄養を蓄えるもの、地下に根があり、
地上に茎がのびるものなどがある。

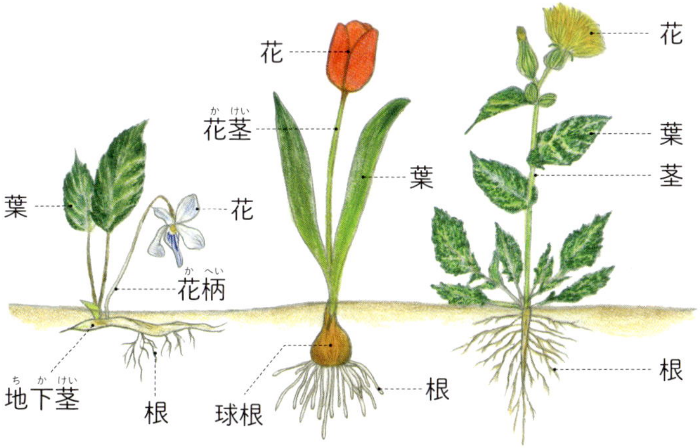

花のつくり

各部の名称

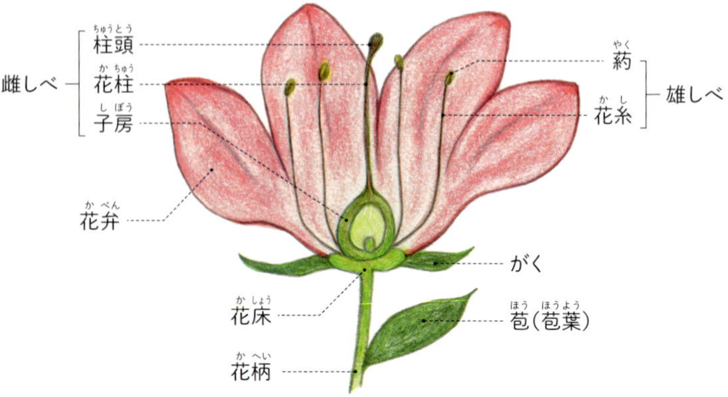

ユリ、アヤメのなかま

がくと花弁が同じような形の場合、まとめて花被片といい、がくを外花被、花弁を内花被という

ランのなかま

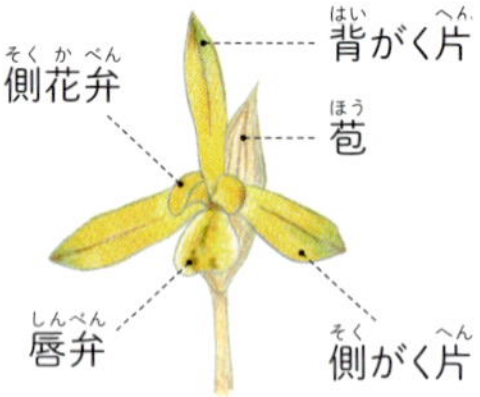

葉について

葉のつき方

互い違い
(互生《ごせい》)

向かい合う
(対生《たいせい》)

葉の形

[単葉《たんよう》]
葉が1枚からなる

[複葉《ふくよう》] 2枚以上の小葉《しょうよう》からなる

手のような形
(掌状複葉《しょうじょうふくよう》)

羽のような形
(羽状複葉《うじょうふくよう》)

キクのなかま（頭花）

小さな舌状花や筒状花（小花）が多数集まって、1つの花に見える「頭《とう》花《か》」となる。

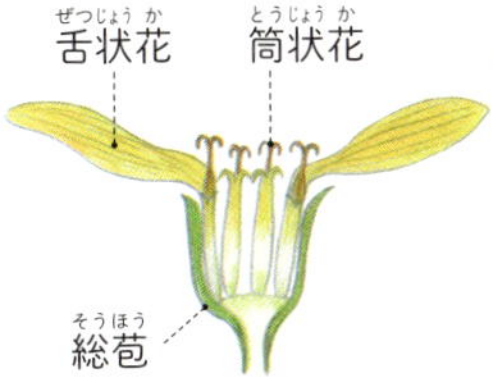

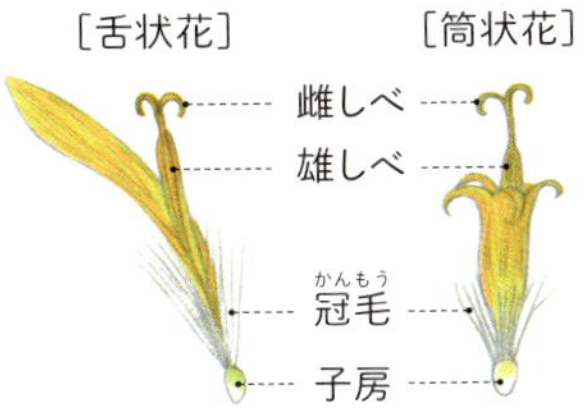

苞がある花序《かじょ》

ハナミズキ

スパティフィラム

距《きょ》がある花

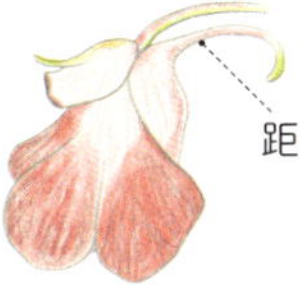

ホウセンカ

副花冠《ふくかかん》がある花

スイセン

花弁の数

一重

半八重
通常の2倍程度までのもの

八重
通常より多いもの

花弁の模様

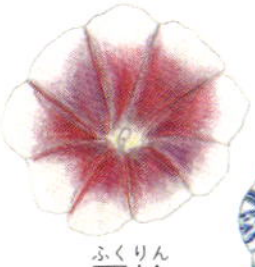

覆輪《ふくりん》

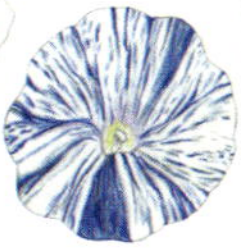

絞り

ブロッチ

小葉3枚からなる（三出複葉《さんしゅつふくよう》）

葉の模様

斑《ふ》入り
色の違う模様が入る現象

覆輪
ふちに斑が入ったもの

葉の色

銅葉《どうば》
（ブロンズリーフ）
銅のように赤黒いもの

銀葉《ぎんよう》
（シルバーリーフ）
銀白色に見えるもの

花の形インデックス（花の形のなかま分け）

見かけ上の形やつき方から掲載種を17種類に分類。花の形インデックスでは、これらの形から花を検索できます。初心者にも検索しやすいよう、花びらに見えるものが花弁か苞《ほう》かがくかを問わず、ぱっと見の印象で独自に分けました。

タンポポ形

舌状《ぜつじょう》花《か》（→9 ページ）だけが集まる形

マーガレット形

舌状花と筒状《とうじょう》花《か》（→9ページ）からなる形

アザミ形

筒状花だけのふさふさとした花

3弁

花弁が3枚からなる形

4弁（4裂）

花弁（または花弁状の部分）が4枚または4つに裂ける形

5弁（5裂）

花弁（または花弁状の部分）が5枚または5つに裂ける形

6弁（6裂）

花弁（または花弁状の部分）が6枚または6つに裂ける形

多弁

花弁（または花弁状の部分）が多い形

花序、花冠の分類に関わらず、独自になかま分けしています。1つの花か、花の集まりか、どちらで探すか迷う場合は、念のため両方で探してみてください。

ラッパ形

花弁がくっつき、先のほうがラッパのように広がっている

袋形

花弁がくっつき、つぼや釣鐘、袋のような形になっている

蝶形

5枚の花弁のうち上1枚が大きく、蝶のような形

唇形

花弁が、上下2つに大きく切れ込む

その他の形

1つの花が以上に当てはまらない形

花の集まり・穂状

たくさんの花が集まり、穂状になる

花の集まり・傘形

たくさんの花が集まり、傘のような形になる

花の集まり・ボール形

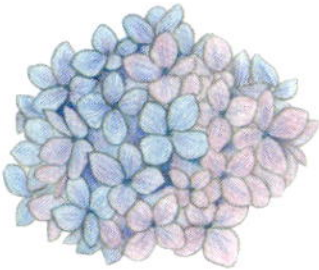

たくさんの花が集まり、球状または半球状になる

花の集まり・その他の形

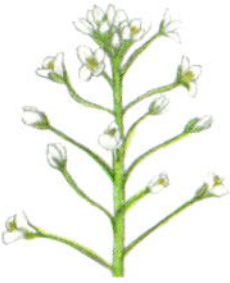

たくさんの花が集まり、他の形に当てはまらない

タンポポ形

セイヨウタンポポ
p.38

アカミタンポポ
p.39

カントウタンポポ
p.39

カンサイタンポポ
p.39

コオニタビラコ
p.40

オニタビラコ
p.40

オオジシバリ
p.41

ジシバリ
p.41

フレンチ
マリーゴールド
p.43

アフリカン
マリーゴールド
p.43

ノゲシ
p.47

オニノゲシ
p.47

コウゾリナ
p.55

ブタナ
p.61

アキノノゲシ
p.68

フレンチ
マリーゴールド
p.43

シロバナ
タンポポ
p.39

キク（小ギク）
p.73

ダリア
p.104

マーガレット形

メランポジウム
p.56

ルドベキア
p.57

オオハンゴンソウ
p.57

ウインター
コスモス
p.58

ヒマワリ
p.64

ミニヒマワリ
p.65

シロタエヒマワリ
p.65

ツワブキ
p.75

ユリオプス
デージー
p.76

マーガレット
コスモス
p.76

ディモルフォセカ
p.146

ムルチコーレ
p.259

キバナコスモス
p.174

オータム・
ビューティー
p.65

デージー
p.126

ペラペラヨメナ
p.299

シオン
p.175

ミヤコワスレ
p.192

ミヤマヨメナ
p.192

ノコンギク
p.235

カントウヨメナ
p.235

ウインター
コスモス
p.58

ミヤコワスレ
p.192

ノースポール
p.259

ジャーマン
カモミール
p.261

シャスタデージー
p.282

ハマギク
p.282

ハルジオン
p.283

ヒメジョオン
p.283

ペラペラヨメナ
p.299

ハキダメギク
p.299

ガザニア
p.49

コレオプシス
p.50

ヒャクニチソウ
p.83

ガーベラ
p.145

ガーデンガーベラ
p.145

オステオ
スペルマム
p.146

コスモス
p.174

宿根アスター
p.175

マーガレット
p.260

アザミ形

キツネアザミ
p.150

ノアザミ
p.212

アメリカ
オニアザミ
p.213

3弁

シュンラン
p.122

アヤメ類
p.202～203

ムラサキツユクサ
p.220

ムラサキゴテン
p.220

ツユクサ
p.244

4弁（4裂）

ハナナ
p.27

シナレンギョウ
p.42

チョウセン
レンギョウ
p.42

メマツヨイグサ
p.60

コマツヨイグサ
p.60

ハボタン
p.78

オニゲシ
p.79

ベゴニア・
センパフローレンス
p.95

ハナミズキ
p.138

ヒルザキ
ツキミソウ
p.152

ユウゲショウ
p.152

ガウラ
p.296

オオアラセイトウ
p.183

フラサバソウ
p.263

オオイヌノフグリ
p.237

タチイヌノフグリ
p.237

シロヤマブキ
p.44

ハナミズキ
p.138

ヤマボウシ
p.138

センニンソウ
p.201

コゴメ
イヌノフグリ
p.263

ドクダミ
p.291

ガウラ
p.296

カランコエ
p.35

ポピー
p.79

5弁（5裂）

メキシコ
マンネングサ
p.36

ツルマンネングサ
p.36

ヤマブキ
p.44

ヘビイチゴ
p.45

カタバミ
p.54

センダングサ
p.58

ビヨウヤナギ
p.59

キンシバイ
p.59

ハマボウ
p.62

スベリヒユ
p.63

アブチロン・
ヒブリドゥム
p.98

カロライナ
ジャスミン
p.271

ナガミヒナゲシ
p.81

ツバキ
p.90

ボケ
p.91

クサボケ
p.91

サツキ
p.107

ウメ
p.250

サザンカ
p.308

シクラメン
p.118

プリムラ・マラコイデス
p.120

サクラソウ
p.120

サクラ類
p.128~129

ユスラウメ
p.132

ニワウメ
p.132

ハナカイドウ
p.131

ナガサキリンゴ
p.131

シバザクラ
p.133

ツツジ類
p.134~135

ハクサンシャクナゲ
p.140

ムシトリナデシコ
p.151

アメリカフウロ
p.154

キョウチクトウ
p.163

フヨウ
p.170

ムクゲ
p.171

ハゼラン
p.173

カワラナデシコ
p.177

ウメ
p.250

ビオラ
p.182

ツルニチニチソウ
p.186

タチツボスミレ
p.188

スミレ
p.189

セリバヒエンソウ
p.191

ムラサキカタバミ
p.208

イモカタバミ
p.208

キキョウソウ
p.211

ヒナキキョウソウ
p.211

ゼニアオイ
p.218

キキョウ
p.221

ゲンノショウコ
p.222

ガガイモ
p.232

ワルナスビ
p.300

ネモフィラ
p.238

ワスレナグサ
p.240

ルリマツリ
p.243

ユスラウメ
p.132

キョウチクトウ
p.163

ニョイスミレ
p.189

アリアケスミレ
p.189

ゲンノショウコ
p.222

ウメ
p.250

オランダ
ミミナグサ
p.266

サンザシ
p.270

ハゴロモ
ジャスミン
p.271

シャリンバイ
p.273

ノイバラ
p.276

テリハノイバラ
p.276

ユズ
p.278

エゴノキ
p.279

ユキノシタ
p.290

ナツツバキ
p.292

ヒメシャラ
p.292

ワルナスビ
p.300

クサギ
p.303

イヌホオズキ
p.306

サザンカ
p.308

ポーチュラカ
p.97

ハイビスカス
p.100

オキザリス
p.116

クリスマスローズ
p.121

セイヨウシャクナゲ
p.140

インパチェンス
p.156

タチアオイ
p.157

ナデシコ
p.177

パンジー
p.182

ニチニチソウ
p.288

プルメリア
p.298

6弁（6裂）

オウバイ
p.31

クロッカス
p.33

スイセン類
p.246～247

モントブレチア
p.84

ザクロ
p.85

ヒオウギ
p.87

ヤブカンゾウ
p.88

ノカンゾウ
p.88

オニユリ
p.287

セッコク
p.119

コルチカム
p.178

サフランモドキ
p.285

スカシユリ
p.287

クロッカス
p.33

ニワゼキショウ
p.204

オオ
ニワゼキショウ
p.204

シラン
p.205

ホトトギス
p.234

サフラン
p.236

ハナニラ
p.253

ニワゼキショウ
p.204

スイセン類
p.246~247

スノードロップ
p.249

ハナニラ
p.253

ニラ
p.253

コブシ
p.258

オーニソガラム
p.264

シャガ
p.267

タマスダレ
p.285

ヤマユリ
p.287

クチナシ
p.293

フリージア
p.34

グラジオラス
p.99

プリムラ・
ポリアンサ
p.117

プリムラ・
ジュリアン
p.117

デンドロビウム
p.119

シンビジウム
p.122

アルストロメリア
p.143

多弁

ロウバイ
p.77

皇帝ダリア
p.104

ハナモモ
p.127

ニューギニア
インパチェンス
p.156

スイフヨウ
p.170

シャクヤク
p.137

ハス
p.161

シュウメイギク
p.179

マツバギク
p.96

マツバボタン
p.97

マツバギク
p.96

パッション
フルーツ
p.198

シモクレン
p.255

シュウメイギク
p.179

オガタマノキ
p.251

カラタネオガタマ
p.251

ハクモクレン
p.255

コハコベ
p.265

ウシハコベ
p.265

ラナンキュラス
p.80

アネモネ
p.94

バラ類
p.102~103

カーネーション
p.105

アザレア
p.123

ボタン
p.137

スイレン
p.160

エラチオール・
ベゴニア
p.162

トケイソウ
p.198

クレマチス
p.201

ラッパ形

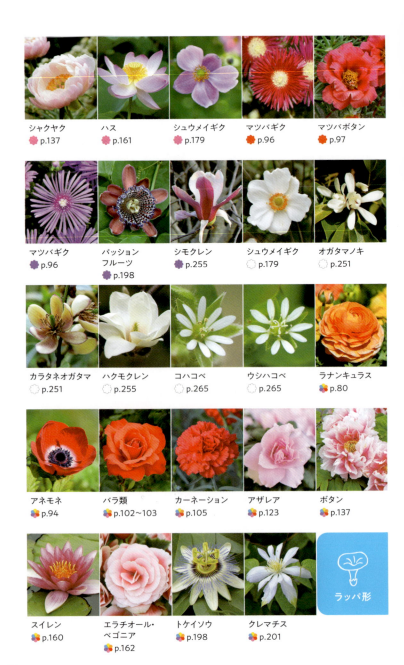

ノウゼンカズラ
p.86

マルバルコウ
p.111

カンヒザクラ
p.129

カリブラコア
p.148

コヒルガオ
p.159

ヒルガオ
p.159

テッポウユリ
p.286

キダチチョウセンアサガオ
p.289

ケチョウセンアサガオ
p.289

アベリア
p.297

ヨルガオ
p.302

ユウガオ
p.302

ルコウソウ
p.111

ペチュニア
p.148

オシロイバナ
p.172

アサガオ類
p.228~229

ハコネウツギ
p.281

袋形

セイロンベンケイ
p.35

サラサドウダン
p.269

ホタルブクロ
p.217

フデリンドウ
p.239

リンドウ
p.239

スノーフレーク
p.252

ドイツスズラン
p.268

スズラン
p.268

ドウダンツツジ
p.269

ヘクソカズラ
p.304

チューリップ
p.92〜93

アブチロン
p.98

ホウセンカ
p.108

カンパニュラ
p.147

エリカ
p.180

エニシダ
p.32

ミヤコグサ
p.52

ハナズオウ
p.136

ヤハズエンドウ
p.185

スズメノエンドウ
p.185

スイートピー
p.124

ホトケノザ
p.141

ヒメオドリコソウ
p.142

ウリクサ
p.164

カキドオシ
p.194

ムラサキサギゴケ
p.195

トキワハゼ
p.195

キランソウ
p.196

マツバウンラン
p.197

ツタバウンラン
p.197

トレニア
p.164

ノボロギク
p.37

コセンダングサ
p.71

マンサク
p.125

スイカズラ
p.281

ベニバナボロギク
p.37

フウリン
ブッソウゲ
p.100

ポインセチア
p.115

トキワマンサク
p.125

スイカズラ
p.281

スパティフィラム
p.307

カンナ
p.66

ダンドク
p.66

ブーゲンビレア
p.158

花の集まり・穂状

ヒイラギナンテン
p.28

ギンヨウアカシア
p.30

フサアカシア
p.30

キングサリ
p.51

ビロードモウ
ズイカ
p.70

セイタカ
アワダチソウ
p.71

ブラシノキ
p.106

イヌタデ
p.150

ネジバナ
p.153

クマツヅラ
p.155

ミソハギ
p.167

ハナトラノオ
p.169

カルーナ
p.180

ツルボ
p.187

フジ
p.190

ラベンダー
p.200

スモークツリー
p.209

コリウス
p.214

デュランタ
p.215

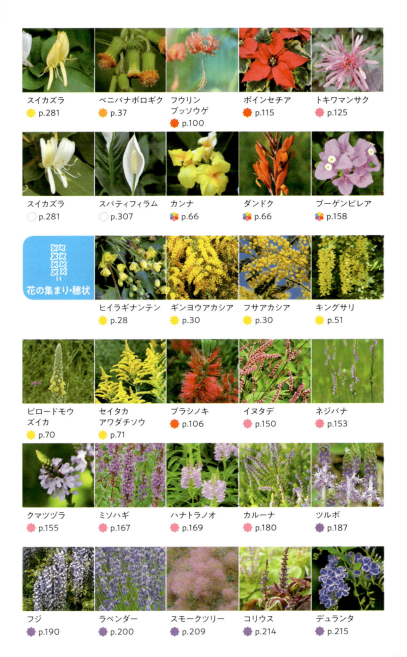

ギボウシ
p.224

クズ
p.225

ヌスビトハギ
p.226

キチジョウソウ
p.230

ヤブラン
p.231

キツネノマゴ
p.233

カシワバアジサイ
p.207

ギボウシ
p.224

ユキヤナギ
p.256

アセビ
p.257

トチノキ
p.274

ハリエンジュ
p.275

アカンサス
p.294

ヨウシュ
ヤマゴボウ
p.295

ジャノヒゲ
p.301

ケイトウ
p.110

ルピナス
p.139

ブッドレア
p.165

キンギョソウ
p.176

リナリア
p.176

ストック
p.181

ムスカリ
p.184

ライラック
p.193

アジュガ
p.196

ジギタリス
p.210

デルフィニウム
p.241

花の集まり・傘形

オミナエシ
p.67

シロタエギク
p.69

イソギク
p.74

キンモクセイ
p.89

サンタンカ
p.109

ペラルゴニウム
p.113

ヒガンバナ
p.114

ボタンクサギ
p.166

シモツケ
p.256

シラー
p.187

ユーパトリウム
p.242

オトコエシ
p.67

ギンモクセイ
p.89

ヒガンバナ
p.114

ピラカンサ
p.277

フジバカマ
p.305

ペンタス
p.109

ゼラニウム
p.113

バーベナ
p.155

アゲラタム
p.242

アガパンサス
p.245

花の集まり・ボール形

サンシュユ
p.29

クスダマツメクサ
p.53

コメツブツメクサ
p.53

キク（大ギク）
p.73

スプレーマム
p.73

キバナ
センニチコウ
p.223

ワレモコウ
p.112

クッションマム
p.73

アルメリア
p.139

ヒメツルソバ
p.149

ジンチョウゲ
p.254

ムラサキツメクサ
p.284

ジンチョウゲ
p.254

オオデマリ
p.280

コデマリ
p.280

シロツメクサ
p.284

ランタナ
p.82

アリウム
p.199

アジサイ類
p.206~207

センニチコウ
p.223

花の集まり・
その他の形

ハハコグサ
p.46

イヌガラシ
p.48

スカシタゴボウ
p.48

ヒマラヤ
ユキノシタ
p.130

ゲンゲ
p.144

ママコノ
シリヌグイ
p.149

サルスベリ
p.168

サルビア・
ガラニチカ
p.101

コムラサキ
p.216

ムラサキシキブ
p.216

ミヤギノハギ
p.227

ヤマハギ
p.227

シマサルスベリ
p.168

ナズナ
p.262

トベラ
p.272

サルビア・
スプレンデンス
p.101

ガクアジサイ
p.207

ヤマアジサイ
p.207

クレオメ
p.219

アリッサム
p.248

ハナナ

［花菜］　別名：ナノハナ

Brassica rapa

分類	アブラナ科アブラナ属
生活	一年草
草丈	60～80cm
花期	12～4月
分布	園芸種
生育地	公園、庭など

早春の黄色いじゅうたん「菜の花畑」に咲く花は？

早春から黄色い花を咲かせる「菜の花」は、日本の春の情景に欠かせない。「菜の花」とよばれる植物は多数あり、製油用に栽培されるセイヨウアブラナや、在来種で昔から野菜として利用されているアブラナも菜の花とよばれるが、現在観賞用に栽培されるハナナは、チリメンハクサイを改良したものといわれ、野菜としても利用されている。葉は楕円形で、花は花弁が4枚、十字形につく。菜の花のなかまは蜜《みつ》源《げん》植《しょく》物《ぶつ》でもあり、ハチミツの甘い香りがする。

見てみよう

虫の目で見ると……

チョウなどの昆虫の目には、人間には見えない紫外線が見える。ハナナの花を紫外線撮影（写真）すると、花の中心部分に蜜のありかを示す目印があることがわかる。

ヒイラギナンテン

［柊南天］

Berberis japonica

分類	メギ科ヒイラギナンテン属
生活	常緑樹
樹高	1～3m
花期	12～4月
分布	中国、台湾原産
生育地	庭、公園、道路沿いなど

花の少ない時期をレモンイエローの花で彩る

公園や道路沿い、マンションやオフィスの植え込み、庭などによく植えられ、まだ寒い時期から、レモンイエローの花を咲かせる様子が見られる。葉は、とげのようなぎざぎざのある堅い小葉《しょうよう》が、鳥の羽のように並んでつき、放射状にのびる。その付け根から花茎《かけい》が出て、花弁6枚の黄色い花が連なって咲く。がく片も黄色く、花弁のように見える。花にはほのかな甘い香りがある。葉（小葉）がより細長い、近縁種のホソバヒイラギナンテンもよく植えられている。

やってみよう

動く雄しべ

昆虫が雄しべに触れると、雄しべが動いて花粉を昆虫の体に付ける。雄しべを小枝などで触ると、雄しべが雌しべの方に集まるように動く様子が観察できる。

サンシュユ

［山茱萸］　別名：アキサンゴ、ハルコガネバナ

Cornus officinalis

分類	ミズキ科ミズキ属
生活	落葉樹
樹高	5～15m
花期	2～3月
分布	中国、朝鮮半島原産
生育地	公園、庭など

早春、枝が一面黄色に染まる

早春、まだ葉が出る前の枝いっぱいに、直径5mmほどの小さな花がポンポンのように集まって咲く。江戸時代に薬用植物として渡来したが、現在では観賞用として公園や庭などに植えられているほか、盆栽にされることも多い。葉はやや丸みがあって先がとがり、向かい合ってつく。枝がたくさん出て、全体に丸みのある樹形になる。樹皮はうろこのようにはがれる。5月頃に実る、グミのような赤い楕円形の果実は、生薬としても利用される。

食べてみよう

果実酒に使われる果実

「アキサンゴ」という別名の由来になった赤い果実は食べられるが、若い果実は酸味や渋みが強い。果実酒やジャムなどに加工して利用されることもある。

ギンヨウアカシア

［銀葉アカシア］　別名：ミモザ

Acacia baileyana

分類	マメ科アカシア属
生活	常緑樹
樹高	8～15m
花期	2～4月
分布	オーストラリア原産
生育地	公園、庭など

イタリアでは女性に感謝を伝える花

小さな花がボールのような球状に集まり、枝先いっぱいにこぼれ落ちんばかりにつく姿は美しく、庭木や切り花などで親しまれている。花には花弁より長い雄しべが多数ある。小葉《しょうよう》に細かく分かれた細長い葉が、枝を取り巻くようにつく。葉が白っぽく見えることから「銀葉アカシア」の名がある。「ミモザ」は本来、オジギソウ属の属名だが、本種も近縁のフサアカシアも、各国で「ミモザ」とよばれる。イタリアでは3月に男性から女性にミモザを贈る習慣がある。

近縁種

フサアカシア

もともと「ミモザ」とはこの植物のフランスでの呼び名。ギンヨウアカシアよりやや樹高が高く、10～15mほどになる。花は濃い黄色で、よい香りがある。

オウバイ

［黄梅］　別名：ゲイシュンカ

Jasminum nudiflorum

分類	モクセイ科ソケイ属
生活	落葉樹
樹高	1~1.5m
花期	2~4月
分布	中国原産
生育地	公園、庭など

「黄色い梅」ではなくジャスミンのなかま

春まだ寒いうちから、梅のような黄色い花を咲かせることから「黄《おう》梅《ばい》」の名があるが、ウメ（p.250）とは関係がなく、ジャスミンなどと同じなかま。ただし本種の花には、ジャスミンのような芳香はない。早春に咲くことから、中国では「迎《げい》春《しゅん》花《か》」という名前でよばれる。花は筒形で、先が6枚に分かれている。半つる性の木で、枝が垂れ下がるようにのびる。葉は3枚に分かれ、向かい合ってつく。江戸時代に渡来したとされ、庭や生け垣などで栽培される。

かいでみよう

ジャスミンのなかまだけれど…

オウバイは名前に「梅」の字がつき、またジャスミンと同じソケイ属のなかまなので、香りがありそうだが、実際には特に強い香りはない。

エニシダ

Cytisus scoparius

分類	マメ科エニシダ属
生活	常緑樹
樹高	2~3m
花期	3~5月
分布	地中海沿岸原産
生育地	公園、庭など

ビックリ箱のようなユニークな送粉システム

あまり樹高は高くならず、緑色の枝が枝分かれして垂れ下がる木の形が特徴的。枝は細く、断面は四角張っている。マメのなかまに特徴的な、蝶形の黄色い花が5月頃咲く。葉は1cmくらいと小さく、3枚に分かれているが、枝の先につく葉は1枚になっている。花弁に赤い模様があるホオベニエニシダも栽培されている。名前は、スペイン語名のhiniesta（イエニスタ）がなまってエニスタ→エニシダとなったもので、植物のシダとは特に関係がない。

見てみよう

飛び出す雄しべ

ハナバチが下の花弁にとまると、花弁が開いて雄しべが飛び出し、ハチの背中に花粉を付ける巧妙な仕組みが見られる。ただし花の中に蜜はない。

クロッカス

別名：ハナサフラン

Crocus

分類	アヤメ科クロッカス属
生活	多年草
草丈	5~10cm
花期	2~4月
分布	地中海沿岸、小アジア原産
生育地	庭、公園など

地面近くで花開く、可愛い早春の花

細長い葉の間に大きなつぼみをつけ、花《か》被《ひ》片《へん》6枚の明るい色の花を地表近くに咲かせる。花は地下の球根（球茎《きゅうけい》）から出るので、地面から直接花が咲いたように見える。クロッカスのなかまは80種ほどあり、秋咲きのサフラン（p.236）もその一つだが、クロッカスとして栽培されるものは主に春咲きの種類。花色は黄や白、紫などで、花にすじ模様が入るものや、葉に白い斑が入る種類もある。クロッカスの名はギリシャ語の「糸」が由来で、雌しべが細長いことから。

やってみよう

水栽培

クロッカスの球根は水栽培もできる。秋に球根を水栽培用の容器にセットし、暗く涼しい場所に置く。根が出たら、明るい場所に移そう。

フリージア

Freesia

分類	アヤメ科フリージア属
生活	多年草
草丈	20~50cm
花期	3~5月
分布	南アフリカ原産
生育地	庭、公園など

香りのよい漏斗《ろうと》形の花が整列して咲く

花が花茎《かけい》の先に、横に並ぶようにつく姿が特徴的。花は根元の方から先端に向かって順に咲いていく。甘い香りがあり、特に黄色や白い花は香りが強い。花弁にあたる部分とがく片にあたる部分を合わせて6枚の花被片《かひへん》があり、先端が開いた漏斗のような形。さまざまな色の園芸品種があり、花弁にすじ模様が入るものや、八重咲きの園芸品種もある。秋に球根を植えて栽培する。冬でも温暖な場所でよく育ち、東京都の八丈島などで栽培がさかん。

かいでみよう

リラックスできる香り

フリージアの香り成分はリナロールなどで、気持ちを落ち着ける作用があるとされる。種類によって香りが違い、香りが弱いものもある。

カランコエ

Kalanchoe blossefeldiana

分類	ベンケイソウ科カランコエ属
生活	多年草
草丈	10〜50cm
花期	通年
分布	アフリカ、東アジア、東南アジア原産
生育地	鉢植えなど

多肉質の葉で乾燥に強い

葉は厚みがあり多肉質で、中に水分を蓄えているため乾燥に強い。黄やオレンジ、ピンクなど、明るくあざやかな色の小さな花が、長くのびた花《か》茎《けい》の先に集まって咲く。花弁は4枚だが、八重咲きの園芸品種がある。普通は鉢植えで栽培されることが多い。花期が長く、秋以降も元気に咲くため、花の少ない冬に彩りを添える。短日植物で、昼の長さが短くなってからつぼみがつく性質があり、室内など明るい時間が長い場所では、花がつきにくくなる。

近縁種

セイロンベンケイ

カランコエ属にはたくさんの種類があり、セイロンベンケイもそのひとつ。葉を水を入れた皿などに入れておくと、葉のふちから芽が出るため「ハカラメ」ともよばれる。

メキシコマンネングサ

［墨西哥万年草］

Sedum mexicanum

分類	ベンケイソウ科キリンソウ属
生活	多年草
草丈	10～17cm
花期	3～5月
分布	原産地不明
生育地	道端など

歩道の隅にびっしりと咲く黄色い星

細長くとがった多肉質の葉に水分が蓄えられているため、乾燥に強く、アスファルトの歩道のすき間などから顔を出し、黄色い花をびっしり咲かせている。茎は立ち上がってのびるが、草丈は10～17cmほどと小さめ。花には5枚の花弁があり、黄色い星のように見える。「万《まん》年《ねん》草《ぐさ》」の名は、根ごと引き抜いて、しばらく置いてから植えても育つことから、強く長生きな性質を表した命名。帰化植物で、もともと栽培されていたものが逸出したと考えられている。

近縁種

ツルマンネングサ

茎が赤っぽく、地面を這うようにのびる。葉はとがった楕円形で、3枚が集まってつく。朝鮮半島、中国が原産で古い時代に渡来したと考えられている。

ノボロギク

［野襤褸菊］　別名：オキュウクサ

Senecio vulgaris

分類	キク科キオン属
生活	一年草
草丈	30cm
花期	通年
分布	ヨーロッパ原産
生育地	道端、畑など

小さく目立たないが、身近な植物

頭花《とうか》は小さく、筒状花《とうじょうか》がぎゅっと集まって、つぼみのような形のまま開かない。この花の形がちょうどお灸のように見えることから、オキュウクサ（お灸草）という別名もある。花は目立たないが、温暖な地域では年間を通して開花し、道端などでよく見かける身近な花。茎はよく枝分かれしてのびる。葉はやわらかく、不規則に切れ込みが入る。果実には白い綿毛（冠毛《かんもう》）があり、丸く集まる。ヨーロッパ原産の帰化植物で、全国各地で見られる。

関連種

ベニバナボロギク

アフリカ原産の帰化植物。ノボロギクとは別属（ベニバナボロギク属）だが、花の形はノボロギクにやや似ている。名前のとおり、筒状花の上部が赤みがかる。

セイヨウタンポポ

［西洋蒲公英］

Taraxacum officinale

分類	キク科タンポポ属
生活	多年草
草丈	5～40cm
花期	3～9月
分布	ヨーロッパ原産
生育地	道端、庭、草地など

日本で最もよく見かけるタンポポは外国産

都市部で見かけるタンポポは大半がこの種だが、他種との雑種も多い。食料や家畜の餌として入ってきたものが野生化した。中空の太い花《か》茎《けい》の先に、黄色い舌《ぜつ》状《じょう》花《か》が丸く集まってつき、がくのように見える部分（外《がい》総《そう》苞《ほう》片《へん》）が反り返っているのが特徴。葉はぎざぎざに裂けるが、裂け方は一定していない。在来種のタンポポと違い、受粉しなくても種子をつくることができ、種子が休眠せずに2～3週間で発芽するため、春から秋までの長い時期、花が見られる。

食べてみよう

タンポポ料理

葉や花は天ぷら、ごま和え、パスタなどで食べられる。根はコーヒーの代用にもされる。除草剤や犬のふんなどが付く場所を避けて採取しよう。

タンポポのなかま

アカミタンポポ

ヨーロッパ原産の帰化植物で、近年都市部でよく見られる。外総苞片はセイヨウタンポポと同じように反り返る。綿毛の下につくタネ（果実）が、セイヨウタンポポと比べて赤みを帯びていることで区別できるが、雑種も多い。

カントウタンポポ

関東～中部に自生する、日本産のタンポポ。セイヨウタンポポと違い、外総苞片は上向きで反り返らない。花期は3～5月で、夏は種子が休眠する。人通りの多くない野原や農村地域などで見られるが、数が減っている。

カンサイタンポポ

本州の長野県以西から沖縄までの地域に自生する、日本産のタンポポ。外総苞片が反り返らないのが、在来種の特徴。頭花《とうか》はセイヨウタンポポより小さめで、直径2～3cmほど。花弁に見える舌状花の数も、ややまばら。

シロバナタンポポ

関東以西から九州に分布する、白い花が咲くタンポポ。在来種だが、セイヨウタンポポと同じように、受粉しなくても種子をつくれるという性質がある。白い花のタンポポにはほかに、キビシロタンポポ、オクウスギタンポポもある。

コオニタビラコ

［小鬼田平子］　別名：タビラコ、ホトケノザ

Lapsanastrum apogonoides

分類	キク科ヤブタビラコ属
生活	越年草
草丈	4～25cm
花期	3～5月
分布	本州～九州
生育地	水田など

春の七草の「ホトケノザ」はこの植物

湿った場所に多く、水田などで葉を平らに広げて育つ様子から「田《た》平《びら》子《こ》」と名付けられた。春の七草の「仏《ほとけ》の座《ざ》」はこの植物のことで、若い葉は食べられる。これとは別にシソ科のホトケノザ（p.141）があるが、こちらは食べられないので要注意。花（頭《とう》花《か》）は舌《ぜつ》状《じょう》花《か》が集まり、6～9枚ほどの花弁があるように見える。葉はやわらかく、タンポポの葉のようにぎざぎざに切れ込む。果実にはタンポポのような綿毛（冠《かん》毛《もう》）はなく、茶色く細長い形で、先端に突起がある。

近縁種

オニタビラコ

道端などで普通に見られる。コオニタビラコより大きく、高さ8～25cmほど。全体に細かい毛が生え、頭花は茎の先に集まり、直径7～8mmと少し小さめ。果実には綿毛がある。

オオジシバリ

［大地縛り］

Ixeris japonica

分類	キク科ニガナ属
生活	多年草
草丈	20cm
花期	4～5月
分布	全国
生育地	道端、水田など

茎が地面を縛ってのびる

茎が地面に張り付いて、次々に根を出してのび広がるため、地面を縛るように見えることから、この名前が付けられた。やや湿った場所に生え、道端や公園の隅などで、普通に見られる。オオジシバリは大きいジシバリの意。ジシバリと同じように、茎が地面を這ってのびる。花（頭花《とうか》）は舌状花《ぜつじょうか》の集まりで、中央に黒っぽい雄しべと雌しべがある。葉はへらのような楕円形で、下の方に切れ込みが入ることもある。果実にはタンポポのような綿毛（冠毛《かんもう》）がある。

近縁種

ジシバリ

花はオオジシバリとよく似ている。葉が卵形で、オオジシバリのように長くないことで見分けられる。日本全国に分布し、日当たりの良い場所で見られる。

シナレンギョウ

［支那連翹］

Forsythia viridissima

分類	モクセイ科レンギョウ属
生活	落葉樹
樹高	2～3m
花期	4月
分布	中国原産
生育地	庭、公園など

小さいバナナのような花が枝にいっぱい

花弁が細長く4枚に裂けた、バナナのような黄色い花が、枝に並び垂れ下がるように咲く。マンションなどの植え込み、庭、公園など、さまざまな場所に植えられている。たくさんの枝が立ち上がるようにのび、葉は楕円形で上部にぎざぎざがあり、向かい合ってつく。雄花と雌花が別の株に咲く、雌雄異株《しゆういしゅ》の植物。「連翹《れんぎょう》」は中国名で、「連《れん》」は果実が連なる様子、「翹《ぎょう》」は立ち上がる枝を表しているという。レンギョウやチョウセンレンギョウなどもよく植えられる。

近縁種

チョウセンレンギョウ

枝が弓のように曲がって伸びる。花期はシナレンギョウより少し早めで3月頃から咲く。朝鮮半島原産。このほか、花弁の裂片《れっぺん》が少し幅広いレンギョウも植えられる。

フレンチマリーゴールド

別名：コウオウソウ、クジャクソウ、マリーゴールド

Tagetes patula

分類	キク科マンジュギク属
生活	一年草
草丈	20～50cm
花期	4～11月
分布	メキシコ、中央アメリカ原産
生育地	庭、公園など

明るい黄とオレンジで、花壇をにぎやかに彩る

輝くような黄色やオレンジ色の花をいっぱいにつけ、花壇や道路沿いのコンテナなどで重宝されている。花期が長く、真夏には咲かなくなることがあるが、秋になると再び咲く。花は八重咲きのほか一重咲きもあり、色は黄やオレンジのほか、赤みが強いものや、2色の模様になったものもある。葉は鳥の羽のように、細長い小葉《しょうよう》に分かれている。畑の作物に害を与える、土の中のセンチュウ類を抑制する効果があり、畑のそばに植えられることがある。

近縁種

アフリカンマリーゴールド

センジュギクともよばれる。草丈が60～100cmほどまでのび、花（頭花《とうか》）も大きい。フレンチマリーゴールドとの交配種もある。

ヤマブキ

［山吹］
Kerria japonica

分類	バラ科ヤマブキ属
生活	落葉樹
樹高	1～2m
花期	4～5月
分布	全国
生育地	山地、庭、公園など

「山吹色」の色名の由来になったあざやかな黄色

少しオレンジがかった、あざやかな黄色。この花色が「山《やま》吹《ぶき》色《いろ》」の色名の由来となった。山吹の名は、細い枝が風に吹かれて揺れやすいことから付けられたという。晩春の4～5月頃、花弁5枚の花を枝先につける。日本国内では、低山の川沿いなどに野生で生えているが、庭や公園などにもよく植えられている。枝は横に張り出すようにのび、葉は枝に互い違いにつき、先がとがった形で、大小のぎざぎざがある。八重咲きの品種ヤエヤマブキも栽培される。

関連種

シロヤマブキ

花は白く、花弁は4枚。花や葉の印象はヤマブキに似ているが、ヤマブキの園芸品種などではなく、別属（シロヤマブキ属）の植物。葉は枝に向かい合ってつく。

ヘビイチゴ

［蛇苺］
Potentilla hebiichigo

分類	バラ科ヘビイチゴ属
生活	多年草
草丈	ほふく性
花期	4～6月
分布	全国
生育地	道端、田のあぜなど

毒はないけれど、おいしくないイチゴ

赤くて丸い果実は小さなイチゴのようだが、実際はまずくて食用にはされない。ただし毒があるわけではない。中国ではヘビが食べるイチゴと考えられ、この名が付けられたという。またヘビが出そうな場所に生えるという意味もあるとされ、田のあぜなど少し湿り気のある場所に多い。公園の隅や道端などでもよく見られる。花は黄色く、5枚の花弁がある。葉は明るい緑色で、クローバーのように3枚の小《しょう》葉《よう》がセットになり、ふちにぎざぎざがある。

生き物とのつながり

平たい花に来る虫

ヘビイチゴの花は平たく開き、蜜が花の奥ではなく浅い場所にあるので、口が短いアブなどのなかまがやってきて、蜜を吸う。花を這いまわり、体に花粉がつく。

ハハコグサ

［母子草］　別名：オギョウ
Pseudognaphalium affine

分類	キク科ハハコグサ属
生活	多年草
草丈	15〜40cm
花期	4〜6月
分布	全国
生育地	道端、畑など

春の七草の「御形《おぎょう》」はこの植物

春の七草では「オギョウ」とよばれ、若葉は食べられる。名前の由来にはいろいろな説があり、食用として葉が重宝されたことから「葉々《はは》子草《こぐさ》」に由来するともいわれる。全体が白い毛に覆われて、白っぽく見える。細長い葉が手を広げるように斜め上向きにつき、黄色い小さな花が茎の先に集まってつく。黄色いつぶつぶのように見える一つひとつが、よく見ると、とても小さな筒状花《とうじょうか》が集まった頭花となっている。両性花《りょうせいか》の周りを囲むように、細い雌花がついている。

触ってみよう

ハハコグサの葉

葉には、毛がたくさん生えているため、触るとやわらかい。ハハコグサの属名である*Pseudognaphalium*も、「毛」に関連する言葉に由来している。

ノゲシ

［野罌粟］
Sonchus oleraceus

分類	キク科ノゲシ属
生活	越年草
草丈	50～100cm
花期	4～7月
分布	全国
生育地	道端、畑など

身近な草の代表ともいえる植物

春から初夏にかけて、道端などでごく普通にみられる植物。タンポポに似ているが一回り小さめの黄色い花（頭《とう》花《か》）が、枝分かれした茎の先につく。果実には真っ白な綿毛（冠《かん》毛《もう》）があり、丸く集まっているが、タンポポと違い綿毛に柄がないので、綿毛がギュっと密に見える。長さ15～25cmほどの大きな葉が、茎を抱くようにつく。葉にはぎざぎざがあるが、触っても痛くない。茎は筒のように中空。古い時代に日本に渡来したと考えられている。

関連種

オニノゲシ

ノゲシと似ているが、葉のぎざぎざが鋭いとげのようになっていて、触るとちくりと痛い。全体に荒々しい印象があることから、「鬼」と名付けられた。

イヌガラシ

［犬芥子］

Rorippa indica

分類	アブラナ科イヌガラシ属
生活	多年草
草丈	10～50cm
花期	4～9月
分布	全国
生育地	道端、草地など

ナズナのように枝分かれした黄色い花

花の形がナズナ(p.262)に似ているが、ナズナの花色は白で、本種は黄。道端や空き地などでよく見られる。茎の上部には、細長い果実がついている。葉のふちは鳥の羽のように、浅く裂けている。茎は枝分かれし、やや赤みがかっている。カラシナに似ているが、葉が小さく野生的との意味で、「犬《いぬ》芥《がら》子《し》」と名付けられた。和名の「イヌ」は、似て非なる、劣る、役立たないなどの意味。同じなかまのスカシタゴボウとよく似ているが、果実や葉の形で見分けられる。

近縁種

スカシタゴボウ

イヌガラシとよく似ているが、葉がイヌガラシより深く切れ込んでいる。また、果実がイヌガラシほど細長くないことも、見分けのポイント。

ガザニア

別名：クンショウギク

Gazania

分類	キク科ガザニア属
生活	一年草、多年草
草丈	15～40cm
花期	3～10月
分布	南アフリカ原産
生育地	庭、公園など

勲章のような整った花の形

花（頭《とう》花《か》）の中心近くに黒っぽい模様が入り、外側の花弁は先端がとがり気味のものが多い。この形が勲章のように見えるため、クンショウギクという別名がある。花期が長くて人気があり、花壇によく植えられる。日中は花を開き、曇りの日や夜は閉じる性質がある。花色は黄などいろいろで、花弁が2色のものや、すじ模様が入るものもある。葉はへら形か切れ込みがあり、裏は毛が生えて真っ白に見える。葉の表面が白っぽいシルバーリーフの種類もある。

見てみよう

明るいときしか開かない

ガザニアの花は、晴れた日の昼間には開いているが、曇りの日や夜には、傘を閉じたようにすぼんでしまう性質がある。

コレオプシス

Coreopsis

分類	キク科コレオプシス属
生活	一年草、多年草
草丈	20〜100cm
花期	5〜8月
分布	アメリカ、熱帯アフリカ原産
生育地	庭、公園、道端など

ハルシャギク、オオキンケイギクがこのなかま

コレオプシスのなかまは100種以上あるが、花（頭花《とうか》）の中央に茶色の目のような模様があるハルシャギク（写真）や、黄色いコスモスのようなオオキンケイギク（右下写真）が代表的。どちらも園芸植物だが、逸出して野生化している。特にオオキンケイギクは緑化のため道路沿いなどに植えられていたが、現在は環境省の外来生物法で特定外来生物に指定され、栽培が禁止されている。オオキンケイギクはコスモスに似た雰囲気があるが、葉は細かく切れ込まず細長い。

注意しよう

特定外来生物とは

外来生物法によって、生態系などに被害を及ぼす外来種として、栽培、保管及び運搬、輸入、野外へ放つといった行為が禁止されている。

キングサリ

［金鎖］　別名：キバナフジ

Laburnum anagyroides

分類	マメ科キングサリ属
生活	落葉樹
樹高	5～8m
花期	5～6月
分布	ヨーロッパ南部原産
生育地	庭、公園など

金色の鎖のように垂れ下がる黄色い花

初夏、マメ科に特徴的な蝶形の黄色い花が、20cmほどに長く連なって、垂れ下がるように咲く。この花が黄色いフジのように見えるため、「キバナフジ」という別名もある。フジ（p.190）と違ってつる性ではないが、枝がやわらかいため、フェンスやアーチ、棚などに仕立てて育てられることも多い。葉は3枚の小葉《しょうよう》が集まってつき、葉の裏には毛が生えている。中国では毒豆ともよばれ、全体に強い毒性があるので、子どもが誤食したりしないように注意が必要。

注意しよう

毒のあるマメ

キングサリはマメ科特有の、さやに種子が入った豆の形をしているが、この種子には強い毒性があるので、間違って食べたりしないように要注意。

ミヤコグサ

［都草］　別名：エボシグサ、コガネバナ

Lotus corniculatus var. *japonicus*

分類	マメ科ミヤコグサ属
生活	多年草
草丈	ほふく性
花期	5〜6月
分布	全国
生育地	道端、草地など

あざやかな黄色の烏帽子《えぼし》

花の形を烏帽子になぞらえた「エボシグサ」、明るくあざやかな黄色から名付けられた「コガネバナ」の別名がある。ミヤコグサの名は、京都に多く生えていたからといわれる。空き地など、日当たりの良い場所でよく見られる。茎は地面を覆うようにのび、小さな楕円形の小葉《しょうよう》が集まった葉が、互い違いにつく。果実は熟すと2つに割れて、中の種子が飛び出す。開花後、花色が黄から赤っぽく変化するものがあり、ニシキミヤコグリとして区別される。

見てみよう

虫がとまると出てくる雄しべ

花弁のうち下側の2枚（竜骨弁）がくっついて筒になり、中に雄しべが隠れている。この上に虫がとまると、筒の先の穴から花粉が出てきて、虫につく仕組みになっている。

クスダマツメクサ

［薬玉詰草］　別名：ホップツメクサ

Trifolium campestre

分類	マメ科シャジクソウ属
生活	一年草
草丈	50cm
花期	5～6月
分布	ヨーロッパ原産
生育地	道端、空き地、河原など

シロツメクサのなかまで、花後に花弁が残る

黄色いコンペイトウのような花が、一面に散らばるように咲く。シロツメクサなどと同属の植物で、全体の印象もどこか似ている。50～60個ほどの黄色い花が丸く集まって、長さ2cmくらいの球状になる。この花が薬玉に似ていることから、名前が付けられた。受粉すると花弁が大きくなり、これがホップの雄花に似ているとして、「ホップツメクサ」という別名もある。茎はよく枝分かれしてのびる。葉は3枚の楕円形の小葉《しょうよう》が集まり、互い違いにつく。

近縁種

コメツブツメクサ

クスダマツメクサに似ているが、花の集まりは5～20個と、クスダマツメクサより付き方がまばらで、全体的に小さい。

1
2
3
4
5
6
7
8
9
10
11
12

カタバミ

［傍食］

Oxalis corniculata

分類	カタバミ科カタバミ属
生活	多年草
草丈	10〜30cm
花期	5〜7月
分布	全国
生育地	庭、道端など

天気が悪いと花がすぼむ

花弁5枚の小さな黄色い花が咲く。主に晩春から夏にかけて、道端や庭、公園などに普通に生える。茎は地面を這うようにのびる。葉はハート形の小葉《しょうよう》が3枚集まってつく。葉が幼虫の食草になるので、蝶のヤマトシジミがこの植物をよく訪れる。シュウ酸塩を含むため、茎や葉には酸っぱい味がある。花や葉は、光が当たっていると開き、暗い時には閉じる性質がある。よく似たオッタチカタバミは、茎が立ち上がってのびることや、全体に毛が多いことで見分けられる。

触ってみよう

プチプチ弾ける種子

果実が熟して、外からうっすら種子が見えるようになっているものを、指で軽く挟むようにして触れると、弾けて種子がプチプチと飛び出してくる。

コウゾリナ

［髪剃菜］　別名：カミソリナ

Picris hieracioides subsp. *Japonica*

分類	キク科コウゾリナ属
生活	越年草（二年草）
草丈	30～100cm
花期	5～10月
分布	北海道～九州
生育地	道端、草地など

触ると危険なカミソリ？

「コウゾリ」とはカミソリのこと。茎や葉に赤茶色の剛毛がたくさん生えていて、触るとざらっとする。この感触をカミソリに例えて「剃《こう》刀《ぞり》菜《な》」とよんだことが、名前の由来とされる。ノゲシ（p.47）など似ている花も多いが、この毛がコウゾリナの大きな特徴。頭花《とうか》の周りにつく、がくのような総苞片《そうほうへん》にも剛毛がある。舌状花《ぜつじょうか》の花弁の先が深くぎざぎざに分かれている点は、オオジシバリ（p.41）などに似ている。根元の葉は花の時期には枯れ、茎の途中につく葉は細長い。

触ってみよう

切ると出る白い液

コウゾリナの葉や茎を切ると、白い液体が出てくる。コウゾリナのほか、タンポポのなかま（p.38）やノゲシ（p.47）などでも同じような現象がみられる。

1
2
3
4
5
6
7
8
9
10
11
12

メランポジウム

Melampodium paladosum

分類	キク科メランポジウム属
生活	一年草
草丈	20~80cm
花期	5~10月
分布	メキシコ、中央アメリカ原産
生育地	庭、公園など

小さなヒマワリのような可愛い花

幅広い楕円形の葉を広げ、小さなヒマワリのような黄色い花を咲かせる。夏の花壇で近年人気となっている植物のひとつ。初夏から秋まで咲き、高温多湿に強い。枝分かれして育ち、こんもりとまとまった株になるため、鉢植え、コンテナでも栽培される。新しい花が、古い花を隠すように上へのびて咲くので、枯れた花が目立つことがなく、「花がら摘み」の手間が少ないことも人気の一因。花の色は明るい黄色だが、色が淡いレモンイエローの園芸品種もある。

見てみよう

セルフクリーニング

花の栽培では、しぼんだ花を摘み取り、見栄えの悪さや株の衰弱などを防ぐ。しかし本種は、新しい花が古い花を覆うように咲くので、この手間がかからない。

ルドベキア

Rudbeckia

分類	キク科ルドベキア属
生活	一～二年草、多年草
草丈	40～150cm
花期	7～10月
分布	北アメリカ原産
生育地	庭、公園など

同属のオオハンゴンソウは特定外来生物

頭花《とうか》の中心には筒状花《とうじょうか》がぎっしり集まり、種類によっては、頭花のまん中が盛り上がったように見える。ルドベキア属のなかまには30種前後があり、一年草のルドベキア・ヒルタ（アラゲハンゴンソウ）などがよく栽培されている。花弁の色は黄や茶で、花弁の中心が濃い色になっている園芸品種（写真）もある。筒状花の色は、黄、濃い茶など。舌状花の花弁が筒状になる‘ヘンリーアイラーズ’や、筒状花のみに見える‘グリーンウィザード’など、個性的な園芸品種がある。

関連種

オオハンゴンソウ

ルドベキア属の多年草で、筒状花は黄緑色。舌状花《ぜつじょうか》はやや垂れる。繁殖力が強いため、環境省の外来生物法で特定外来生物に指定され、栽培が禁止されている。

1
2
3
4
5
6
7
8
9
10
11
12

ウインターコスモス

別名：ビデンス

Bidens

分類	キク科センダングサ属
生活	一～二年草、多年草
草丈	10～100cm
花期	6～11月
分布	メキシコなど原産
生育地	庭、公園など

在来種のセンダングサのなかま

日本国内に自生するセンダングサと同属の植物で、花の雰囲気がよく似ている。別名（属名）のビデンスでよばれることもある。属名のビデンスはラテン語のbis（2）とdens（歯）が合わさった言葉で、果実に、歯のようなとげが2本あることが名の由来。コスモスのなかまではないが、晩秋～冬に咲くことから、ウインターコスモスとよばれる。舌状《ぜつじょう》花《か》の花弁が白と黄の2色になっている園芸品種‘イエロー・キューピッド’や、黄色い花の園芸品種がよく栽培される。

関連種

センダングサ

関東地方以西～九州の、やや湿った場所に生える植物。頭《とう》花《か》の大きさは0.7～1cmと小さいが、よく見ると、花の形はウインターコスモスと似ている。

ビヨウヤナギ

［美容柳］　別名：ビョウヤナギ

Hypericum monogynum

分類	オトギリソウ科オトギリソウ属
生活	半落葉樹
樹高	0.5~1.5m
花期	6~7月
分布	中国原産
生育地	庭、公園など

金色の糸のような、長いたくさんの雄しべ

花弁より長い雄しべが、ふさふさと上向きにのびた姿が印象的。この姿から、原産地の中国では「金《きん》糸《し》桃《とう》」とよばれる。雄しべは全部で150～200本ほどあり、根元で5つの束にまとまっている。雌しべは5本がくっつき、先端だけ5つに分かれている。長い楕円形の葉はヤナギに似た雰囲気があるが、ヤナギのなかまではない。葉は4枚が枝に十字形に向かい合ってつく。さかんに枝分かれして株立ちになる。庭や公園などによく植えられている。

近縁種

キンシバイ

同属のキンシバイも雄しべがとても多いが、ビヨウヤナギと違って短く、花弁の半分ほどの長さしかない。花が半開き状なのも本種の特徴。

1
2
3
4
5
6
7
8
9
10
11
12

メマツヨイグサ

［雌待宵草］　別名：アレチマツヨイグサ

Oenothera biennis

分類	アカバナ科マツヨイグサ属
生活	越年草（二年草）
草丈	0.5～1.5m
花期	6～9月
分布	北アメリカ原産
生育地	道端、空き地、河原など

マツヨイグサのなかまでは最も多く見かける

夕方から咲き、朝にはしぼむので、宵を待つ草という意味で「待《まつ》宵《よい》草《ぐさ》」と名付けられた。明治時代に観賞用として導入されたものが野生化した帰化植物。大人の目の高さくらいまで大きくなることも多い。花弁は4枚で、雄しべの黄色い花糸《かし》の先に、長い葯《やく》がある。花には香りがあり、夜行性のガのなかまが花粉を運ぶが、花粉は糸でつながって運ばれやすくなっている。よく似たオオマツヨイグサはメマツヨイグサより花が一回り大きく、茎に赤い斑点がある。

近縁種

コマツヨイグサ

茎が地面を這うようにのびるので、背は高くならない。花は直径4cmほどで、しぼむと赤みがかった色になる。北アメリカ原産の帰化植物で、道端や空き地などで見られる。

ブタナ

［豚菜］　別名：タンポポモドキ
Hypochaeris radicata

分類	キク科エゾコウゾリナ属
生活	多年草
草丈	50cm
花期	6～9月
分布	ヨーロッパ原産
生育地	道端、空き地、畑など

タンポポに似ているが、背がひょろりと高い

花の形がタンポポに似ており、「タンポポモドキ」という別名もあるが、花茎《かけい》は細くてやや緑色が濃く、すっと高くのびているため、全体の雰囲気はタンポポと少し異なる。花茎が途中で枝分かれしているのも特徴。ぎざぎざに切れ込みのある葉が根元につくが、切れ込みがない葉もある。フランスでは、豚が好んで食べることから「豚に食べさせる菜」とよばれ、これが和名の由来になったという説がある。果実には綿毛（冠毛《かんもう》）があり、タンポポと同じく風で散布される。

見てみよう

ブタナの冠毛

ブタナの果実にはタンポポと同じように冠毛があって、風で飛ばされる。よく見ると冠毛の1本1本にさらに細かい毛がある。タンポポと比べ、もさもさした印象。

ハマボウ

［浜朴］
Hibiscus hamabo

分類	アオイ科フヨウ属
生活	落葉樹
樹高	1～3m
花期	7～8月
分布	本州（千葉県以西）～九州
生育地	海岸沿い、公園など

枝先に咲く黄色いフヨウのような花

夏、フヨウ（p.170）やムクゲ（p.171）に似た形の、大きな黄色い花を枝先に咲かせる。西日本の海岸沿いに自生する植物で、栽培もされる。花弁がらせん状につき、花の奥は赤色。雄しべの花糸がくっついて筒状になっているのは、このなかま（フヨウ属）の特徴。葉は丸みがあるハート形で、やや厚く、浅いぎざぎざがある。葉の裏には白っぽい毛が生えている。葉は枝に互い違いにつく。ハマボウの名は「浜に生えるホオノキ」の意といわれるが、諸説がある。

やってみよう

水に浮かぶ種子

自生地では海岸沿いに生えているハマボウは、種子が水に強く、海水の流れに乗って散布される。種子を水の中に入れてみると、浮かぶ様子が観察できる。

スベリヒユ

［滑莧］

Portulaca oleracea

分類	スベリヒユ科スベリヒユ属
生活	一年草
草丈	ほふく性
花期	7～9月
分布	全国
生育地	道端、空き地など

明るいところで這うように育ち、食用にもなる

赤みがかった茎が地面を這うようにのび、小さなへら形の葉をたくさんつける。花は直径6～8mmほどで、園芸植物のポーチュラカ（ハナスベリヒユ、p97）を小さくしたような形。日当たりの良いところに多く、花壇の隅などにいつの間にか生えていたりすることも多い。花は太陽が当たっているときに開き、暗くなると閉じる性質がある。茎や葉は食用になり、山形県では「ひょう」とよばれ、ゆでてあえ物などにして食べる習慣がある。

食べてみよう

葉や茎は食べられる

スベリヒユを摘んで、根を切り落としてよく洗い、ゆでて、おひたしやからし和えなどにして食べることができる。サッと ゆで、天日干ししたものは保存食にされる。

ヒマワリ

[向日葵]　別名：ニチリンソウ、ヒグルマ

Helianthus annuus

分類	キク科ヒマワリ属
生活	一年草
草丈	30～300cm
花期	7～10月
分布	北アメリカ原産
生育地	公園、庭など

太陽のように陽気な、夏の花の代表

属名の*Helianthus*は、ギリシャ語の「太陽」、「花」という言葉が由来。学校の授業でもよく栽培される、おなじみの身近な夏の花。草丈は大人の背丈以上にのび、花も大きなものでは直径40cm近くなることもある。葉や茎など、全体に堅い毛が生えている。花弁に見える部分（舌《ぜつ》状《じょう》花《か》）はふつう黄色だが、八重咲きや、舌状花がオレンジ色、赤色、茶色のものなど、さまざまな園芸品種がある。近年は、ミニヒマワリとよばれる、草丈が低い園芸品種も人気がある。

見てみよう

ヒマワリの咲く様子

舌状花が開いた後に筒《とう》状《じょう》花《か》が咲く。外側から内側に向かって咲き、雄しべ、雌しべがのび出す様子を観察しよう。写真は舌状花も咲く前のつぼみの状態。

ヒマワリのなかま

‘オータム・ビューティー’

ヒマワリの園芸品種。舌状花の一部が赤みがかって、輪のような模様になる。‘リング・オブ・ファイア’、‘ルビーエクリプス’なども舌状花が2色になる品種。また赤色の‘ムーラン・ルージュ’など、黄色系以外の園芸品種もある。

八重咲き

‘サンゴールド’、‘テディベア’など、舌状花が多く、八重咲きになる園芸品種もある。もこもことして、ボールのように丸い頭花《とうか》の形がユニーク。一重、半八重、八重と咲き分ける‘ゴッホのひまわり’などの園芸品種もある。

ミニヒマワリ

‘小夏’、‘ミラクルビーム’など、草丈が20～40cm程度の小さな園芸品種もある。プランターや鉢植えでも育てることができ、また狭い花壇など、小さなスペースでも楽しめることから、近年人気がある。

シロタエヒマワリ

北アメリカ原産で、ヒマワリの名が付くものの、別種の植物。茎、葉などにやわらかい毛が生えていて、白っぽく見えるのが特徴。ヒマワリよりもたくさんの花が咲く。花の大きさはヒマワリより小さめ。‘大雪山’などの園芸品種がある。

カンナ

別名：ハナカンナ

Canna × generalis

分類	カンナ科ダンドク属
生活	多年草
草丈	40～160cm
花期	7～11月
分布	熱帯アメリカ原産
生育地	庭、公園、道路沿いなど

夏の太陽が似合う、大ぶりな花

大きく幅広で先がとがった葉、太い花茎《かけい》、色あざやかな花と、全体的に大ぶりで、夏らしい雰囲気をもった花。花のつくりも独特で、ひらひらした花弁に見えるのは、雄しべが変化した「仮雄しべ」。3つのがく片のように見えるものが本当の花弁。さまざまな野生種を交配した園芸品種があり、葉も、斑《ふ》やすじが入るもの、赤みがかった「銅《どう》葉《ば》」など、バラエティが豊富。草丈が約1m以下のタイプがよく栽培されているほか、1.5m以上まで高くのびるタイプもある。

近縁種

ダンドク

熱帯アメリカ原産で、江戸時代に日本に入ってきた。カンナよりも花は小さい。カンナの原種の一つで、園芸品種もあり、花壇などで栽培される。

オミナエシ

［女郎花］

Patrinia scabiosifolia

分類	スイカズラ科オミナエシ属
生活	多年草
草丈	0.6〜1m
花期	8〜10月
分布	全国
生育地	草原など

黄色があざやかな秋の七草

『万葉集』などの古典文学にもたびたび登場し、古くから日本人に親しまれている花。秋の七草の一つでもある。命名の由来ははっきりしない。日当たりの良い草原などで見られる植物だが、近年自生のものは減少している。茎の上の方が枝分かれし、その先に小さな花が傘のように集まってつく。花弁は5つに分かれているが、根元は筒状。葉は向かい合ってつき、鳥の羽のように深く切れ込んでいる。切り花にして花瓶に挿すと、水が腐ったようなにおいになる。

近縁種

オトコエシ

花は白く、オミナエシと比べて茎に毛が多い。全体的に、オミナエシより頑丈そうなイメージがあることから、「男」と名付けられたと考えられている。

アキノノゲシ

［秋の野罌粟］
Lactuca indica

分類	キク科アキノノゲシ属
生活	一年草、越年草
草丈	60〜200cm
花期	8〜11月
分布	全国
生育地	道端、空き地など

独特の、淡い色合いが印象的

秋に淡い黄色の花を咲かせる。独特の落ち着いた渋い色合いだが、白色や淡紫色の花もまれにみられる。葉は互い違いにつく。茎の下の方につく葉には切れ込みが深く入り、裂片《れっぺん》の先が葉の付け根の方を向いている。茎の上の方につく葉には切れ込みがない。茎は枝分かれし、その先に多数の花がつく。花は日中開き、夜には閉じる性質がある。葉がやや細長くて切れ込まないタイプのものもあり、ホソバアキノノゲシとして区別される。

見てみよう

茎を切ってみると……

アキノノゲシの茎を切ると、白っぽい液体がにじみ出てくる。切り口を保護して、微生物などが入らないように守るはたらきがあると考えられている。

シロタエギク

［白妙菊］　別名：ダスティーミラー

Senecio cineraria

分類	キク科セネシオ属
生活	多年草
草丈	10〜60cm
花期	6〜7月
分布	地中海沿岸原産
生育地	庭、花壇など

白い葉を鑑賞するために植えられる

葉に白い毛が密に生えていて全体に白っぽく見えるので、ほかの花などと一緒に植えて、葉の色とのコントラストを楽しむために栽培される。葉には切れ込みが細かく入り、裂片《れっぺん》の先はとがらず、丸みがある。花は初夏に咲き、筒状《とうじょう》花《か》も舌状《ぜつじょう》花《か》も黄色い。ただし、きれいな葉を楽しむ目的の場合は、花が咲いてしまうと、茎がのびて形が整わず、また株が弱って夏越ししにくくなるなどの理由から、つぼみのうちに切り落とし、花を咲かせずに育てられることも多い。

やってみよう

寄せ植えやスワッグに最適

シロタエギクをほかの花とともに寄せ植えしてハンギングバスケットにしたり、剪定した枝をドライフラワーなどと一緒にスワッグにしたり。いろいろな植物とのアレンジを楽しもう。

ビロードモウズイカ

［天鵞絨毛蕊花］　別名：ニワタバコ

Verbascum thapsus

分類	ゴマノハグサ科モウズイカ属
生活	越年草
草丈	1~2m
花期	8~9月
分布	地中海沿岸原産
生育地	道端、線路沿いなど

触るとふかふか、ビロードのような手触り

幅広い大きな葉を悠々と広げ、茎を高く伸ばし、草丈は大人の背を超えるほどになることもある。葉には白っぽい毛がびっしりと生え、ビロードのようなふかふかした手触り。これが名前の由来となった。「モウズイカ」は「毛《もう》蕊《ずい》花《か》」と書き、雄しべの花糸《かし》に毛が生えていることから表記された。花は穂状に集まって咲き、花弁は5つに切れ込んでいる。かつて「ニワタバコ」ともよばれ、観賞用に栽培されたが現在は野生化し、道端や線路沿い、空き地、川原などで見られる。

触ってみよう

ビロードのような手触り

ロゼット状に広がった大きな葉の表面には、毛が密に生えているため、触るとふかふかとやわらかい。名前のとおり、ビロードのような手触りだ。

コセンダングサ

［小栴檀草］

Bidens pilosa var. *pilosa*

分類	キク科センダングサ属
生活	一年草
草丈	50～110cm
花期	9～11月
分布	熱帯アメリカ原産
生育地	道端、空き地など

黄色い小花がぎゅっと集まって咲く

都市部の道端や空き地などでよく見られる帰化植物。茎をさかんに枝分かれさせて生い茂り、筒状花《とうじょうか》だけからなり、舌状花《ぜつじょうか》がない黄色い花を秋に咲かせる。果実は細長く、球状に集まって星飾りのよう。果実の先端には角のような冠毛《かんもう》が3～4個あり、逆向きの細かいとげが「返し」の役割をするため、服に絡みつくと取れにくい。

セイタカアワダチソウ

［背高泡立草］別名：セイタカアキノキリンソウ

Solidago altissima

分類	キク科アキノキリンソウ属
生活	多年草
草丈	2.5m
花期	10～11月
分布	北アメリカ原産
生育地	空き地、土手、線路沿いなど

一面に咲く様子は黄色い泡のよう

茎の先に小さな黄色の花（頭花《とうか》）が、円錐形に集まって咲く。根茎《こんけい》をのばし、空き地や土手などに大群落をつくる、やっかいな帰化植物の代名詞のようにいわれたが、近年は勢いがやや衰えている。根から周囲の植物の成長を阻害する物質を出すが、この成分が自らの発芽をも抑制してしまうことも、衰退の一因といわれる。

キク

［菊］　別名：イエギク

Chrysanthemum morifolium

分類	キク科キク属
生活	多年草
草丈	30～100cm
花期	10～12月
分布	中国
生育地	庭、公園など

日本一多く生産されている花

奈良時代に中国から入ってきたとされるキクは、平安時代には貴族の間で愛され、江戸時代には園芸品種の開発ブームが起こった。現在も日本人にとって代表的な秋の花で、仏花としての利用が多く、日本一多く生産、消費される花。大きく分けて和ギク、洋ギクがあり、和ギクは大ギク、中ギク、小ギク、洋ギクはポットマム、スプレーマムなどがある。日照時間が短くなる（夜が長くなる）と開花する性質があり、人工的に日照時間を調節して、年間を通して栽培される。

かいでみよう

古くから愛された香り

キクの香りは昔から愛され、9月の重陽の節句には、キクの花を入れ香りをつけた菊酒を飲む習慣があった。落ち着いた、清涼感のある香りが特徴。

キクのなかま

大ギク（観賞ギク）

頭花《とうか》の直径が18cm以上のもので、盛り上がって咲く「厚物《あつもの》」、舌状花《ぜつじょうか》が管状の「管物《くだもの》」、平らに開く「一文字《いちもんじ》」など、多様な花の形がある。栽培されたキクの美しさを競う品評会も、各地で開催されている。

小ギク

頭花の直径が9cm未満と、小さめの花を咲かせるもの。屋外の花壇やコンテナに植えられることも多く、また切り花としても利用される。一重咲きと八重咲きのものがある。菊人形をつくるのにも、この小ギクが使われる。

スプレーマム

和ギクがヨーロッパで品種改良され逆輸入された「洋ギク」のなかまで、枝分かれした茎の先にいくつもの頭花が咲く。「スプレー」とは茎が枝状に分かれていることを指す。一重咲きのほかにもさまざまな花の形がある。

クッションマム

洋ギクのなかま。それほど草丈は高くならず、枝分かれを繰り返して、自然にドームのような形にまとまるため、鉢植えや花壇などで栽培するのに向いている。ほかの屋外栽培向きの種とともに、ガーデンマムとよばれることもある。

イソギク

［磯菊］

Chrysanthemum pacificum

分類	キク科キク属
生活	多年草
草丈	20～40cm
花期	10～12月
分布	関東南部～静岡県
生育地	海岸の崖、公園など

白いふち取りのある葉と、つぶつぶの花

関東地方南部から、静岡県までの海岸で、崖などに自生する植物。花壇などで栽培されることも多く、丸く集まって咲く花（頭花《とうか》）だけでなく、花のように放射状につく、白いふち取りのある葉も美しく、年間を通して観賞できる。地下《ちか》茎《けい》で広がり、茎は斜め上にのびる。葉は細長い形で厚みがあり、ふちには浅いぎざぎざがある。葉の裏には毛が生えて、白く見える。頭花は黄色で直径約5mmほど。筒状花《とうじょうか》だけが集まっていて、舌状《ぜつじょう》花《か》はない。

近縁種

シオギク

四国地方の海岸に自生する植物。頭花がイソギクより大きく、直径8～10mmほどあるが、集まっている数は少ない。葉の大きさも、イソギクより大きめ。

ツワブキ

［石蕗］

Farfugium japonicum

分類	キク科ツワブキ属
生活	多年草
草丈	30～75cm
花期	10～12月
分布	本州～沖縄
生育地	海岸など

秋になると目につく、黄色い花と丸い葉

秋から冬に黄色い花を咲かせる。葉は幅広く丸みがある形で、厚みとつやがあってフキに似ている。この特徴から「艶《つや》葉《ば》蕗《ふき》」が転じたのが名前の由来。花は、太く長い花《か》茎《けい》の先に集まってつく。海岸沿いなどに自生する植物だが、古くから庭園で栽培され、茶花としても利用された。現在も庭や公園によく植えられる。葉に斑《ふ》が入るものや、花の色が白いもの、八重咲きなど、さまざまな園芸品種がある。葉《よう》柄《へい》が食用になるが毒性があるため、あく抜きが必要。

生き物とのつながり

寒い時期の貴重な蜜源

ツワブキは、ほかの花が少ない晩秋から冬まで咲いているため、チョウやアブなどがやってきて、蜜を吸う姿が見られる。

ユリオプスデージー

Euryops pectinatus

分類	キク科ユリオプス属
生活	常緑樹
樹高	90~100cm
花期	11~5月
分布	南アフリカ
生育地	庭、公園など

寒さの中、白っぽい葉に黄色い花が咲く

デージーの名がつくが、デージー（ヒナギク、p.126）とは別のなかま。マーガレット（p.260）と似た雰囲気をもち、よく枝分かれして、上の方が広がって丸く茂る。花は冬から春にかけて咲く。葉にはやや厚みがあり、細かく切れ込む。茎や葉に毛が生えているので、葉が白っぽく見える。別属の植物、マーガレットコスモスともよく似ているが、こちらは葉に毛がなく光沢があり、夏から花が咲くことで本種と区別できる。ユリオプスは「大きな目」という意味。

関連種

マーガレットコスモス

マーガレットやコスモスとは違う、ステイロディスカス属のなかま。葉には毛がなく光沢がある。ユリオプスデージーによく似た黄色い花が咲き、全体の雰囲気も似ている。

ロウバイ

［蠟梅］
Chimonanthus praecox

分類	ロウバイ科ロウバイ属
生活	落葉樹
樹高	2~5m
花期	12~2月
分布	中国原産
生育地	庭、公園など

ロウ細工のような花弁とかぐわしい香り

花が半透明でつやがあり、まるでろう細工のようなので、「蝋梅《ろうばい》」と名付けられた。梅のなかまではないが、寒いうちから花を咲かせる姿を梅になぞらえた。まだ葉が出る前の枝に、黄色の花が下向きや横向きにつく。花被《かひ》はらせん状に重なってつく。花の中心の花被《かひ》片《へん》は紫色をしている。花には良い香りがある。葉は枝に向かい合ってつき、とがった卵形。品種のソシンロウバイもよく植えられている。こちらは花の中心まで黄色一色で、花が少し大きめ。

かいでみよう

甘くさわやかな香り

ロウバイの香りは甘く、清潔感を感じる香り。ソシンロウバイは、ロウバイよりも香りが強めだ。蝋梅園などたくさんのロウバイが植えられた場所では甘い香りに包まれる。

ハボタン

Brassica oleracea

分類	アブラナ科ハボタン属
生活	一年草
草丈	5~100cm
花期	11~3月(葉)
分布	ヨーロッパ原産
生育地	庭、公園など

ボタンのような白や紫の葉を鑑賞

キャベツのなかまのケールを改良してつくられた植物。赤紫色や白い葉が丸く集まった姿は大きな花のようで、彩りが少ない冬の花壇用に重宝されてきた。主に東京丸葉系、ちりめん系、大阪丸葉系、切れ葉系の系統に分けられる。春になると花茎《かけい》がのびだして、淡黄色の菜の花のような花が咲く。花茎を途中で切ると、新芽が伸びて枝分かれし、その先にまた葉がつく。この仕立て方を「踊りハボタン」とよぶ。近年は鉢植えなどにも向く、小型の園芸品種が人気。

見てみよう

本来は葉が主役

ハボタンは本来、葉を鑑賞する植物。寒さにあたると、葉が紫や白などあざやかに色づいて美しいが、気温が高いと、きれいな色にならないことがある。

ポピー（アイスランド・ポピー）

Papaver nudicaule

分類	ケシ科ケシ属
生活	一年草
草丈	15~80cm
花期	2~6月
分布	シベリア、北アジア原産
生育地	庭、公園など

空を向いて咲き、春を知らせる

すっとのびた花《か》茎《けい》の先に、薄紙で作ったような花弁4枚のカップ形の花が、上を向いて咲く。大きな公園などで、色とりどりのポピーが大規模に栽培され、観光名所となっている場所もある。ポピーとよばれる植物で主に栽培されているのは、このアイスランド・ポピーのほか、ヒナゲシの園芸品種シャーレー・ポピーなど。オニゲシもよく植えられている。葉は細かく、鳥の羽のように切れ込む。種子はとても小さく、数が多い。ケシのなかまだが、アヘンは含まれない。

関連種

オニゲシ

オリエンタル・ポピーともよばれる。花の内側の中心付近に黒い斑があるのが特徴だが、ない品種もある。花色は赤のほか白、ピンクなどさまざまで、八重咲きもある。

ラナンキュラス

別名：ハナキンポウゲ

Ranunculus asiaticus

分類	キンポウゲ科キンポウゲ属
生活	多年草
草丈	30～50cm
花期	3～5月
分布	中近東、ヨーロッパ原産
生育地	庭、公園など

薄い花弁が幾重にも重なった丸い花

紙細工のような、何重にも花弁が重なった、丸く大きな花を咲かせる。ラナンキュラスのなかまは500種ほど知られるが、現在ラナンキュラスとして栽培されているのは、ラナンキュラス・アシアティクスという種を改良した園芸品種。花の色はオレンジ、ピンク、黄などさまざまで、明るくカラフル。葉にはぎざぎざがあり、細かく切れ込むものが多い。土の中に小さな球根(塊根《かいこん》)をつくる。秋に球根を植えて3月頃から咲き始め、夏の暑い間は休眠する。

やってみよう

球根はゆっくり給水させる

球根は、タコの足のような形。そのまま植え付けると腐りやすいため、湿った砂や水苔などに入れて一晩くらい給水させてから植えるとよい。

ナガミヒナゲシ

［長実雛罌粟］

Papaver dubium

分類	ケシ科ケシ属
生活	一年草、越年草
草丈	20～60cm
花期	4～5月
分布	地中海地方原産
生育地	道端、空き地など

強力な繁殖力をもつ、オレンジのケシ

春、市街地の道端などで見られる、オレンジ色のケシ。空き地を埋め尽くすように群生していることもある。観賞用に栽培もされるが、1つの花から種子が大量にできるため、野生化して爆発的に増えることがあり、栽培や採取、除草などの際には、種子をまき散らさないように注意が必要。花弁は4枚で、雌しべの柱頭は放射状で傘のように見え、そのまわりをたくさんの黒い雄しべが囲んでいる。葉は細かく切れ込んでいる。果実が細長いことが名前の由来。

見てみよう

たくさんの種子

ナガミヒナゲシの果実の蓋のような部分を開くと、大量の種子が入っている。1つの花からできる種子の数には個体差があるが、1000～2000個にもなるといわれる。

ランタナ

別名：シチヘンゲ

Lantana camara

分類	クマツヅラ科ランタナ属
生活	常緑樹
樹高	0.3~2m
花期	5~11月
分布	北アメリカ、熱帯アメリカ
生育地	庭、道端、空き地など

花の色が変わることから「シチヘンゲ」の名も

小さな花が丸く集まり、咲き始めの花色はあざやかなオレンジや黄などだが、次第に赤やピンクに変わり、2色が同心円状になった姿が美しい。空き地や道端で野生化するので、環境省の生態系被害防止外来種リストで重点対策外来種に指定されている。果実には毒がある。葉や茎に短い毛があり、触るとざらざらする。紫や白一色の花をつけるコバノランタナもよく栽培されるが、こちらはほふく性のため、塀やフェンスなどに垂らして栽培されることも多い。

見てみよう

花の色と虫の関係

色が変わる前（黄色など）の花には、虫が蜜を吸いに来るが、変化後（赤など）の花は受粉済みで、あまり虫が来ない。蜜やにおいが関係しているといわれる。

ヒャクニチソウ

［百日草］　別名：ジニア

Zinnia elegans

分類	キク科ヒャクニチソウ属
生活	一年草
草丈	15～100cm
花期	6～10月
分布	メキシコ原産
生育地	庭、公園など

初夏から秋まで長く花を楽しめる

花期が長く、次々に花を咲かせることから「百日草《ひゃくにちそう》」という名前が付けられた。オレンジ、黄、白、ピンク、赤など明るくカラフルな色合いの園芸品種が数多く作られており、ライトグリーンや2色咲きのものもある。中心の筒状花《とうじょうか》の花弁は外側から開いていき、花の中にまた、小さな花がリング状に咲いたような姿がユニーク。一重咲きのほか、八重咲き、ポンポン咲き、花弁がよじれているカクタス咲きなどもある。古くから仏花としても利用されている。

見てみよう

筒状花の開花

ヒャクニチソウの筒状花は、花弁の先が5つに分かれ、舌《ぜつ》状《じょう》花《か》とは違う黄色やオレンジなどで目立つ。外側から咲いていき、少しずつ内側に咲き進んでいく。

モントブレチア

別名：ヒメヒオウギズイセン、クロコスミア

Crocosmia × crocosmiiflora

分類	アヤメ科クロコスミア属
生活	多年草
草丈	40〜150cm
花期	6〜7月
分布	南アフリカ原産
生育地	庭、公園など

南国を思わせる、陽気なオレンジ色

あざやかな濃いオレンジ色の花《か》被《ひ》と、黄色い雄しべとのコントラストが明るい印象。花は枝分かれした茎の先に連なってつく。細長い花《か》被《ひ》片《へん》が6枚あり、根元は筒のようになり、先は広がっている。葉は剣のように細長く、先がとがっている。花被片に模様が入るものなど、たくさんの園芸品種がある。球根（球《きゅう》茎《けい》）から地下茎をのばし、その先にまた新しい球根ができて、どんどん増えていく。強い性質のため、野生化して道端などに生えることがある。

見てみよう

お団子のような球根

モントブレチアは、のびた地下茎の先に新しい球根がどんどんついて増えていくため、球根を掘り上げると、小さな球根が団子のように連なっている。

ザクロ

［石榴］

Punica granatum

分類	ミソハギ科ザクロ属
生活	落葉樹
樹高	5~6m
花期	6~9月
分布	小アジア原産
生育地	庭など

果実だけでなく花も楽しめる

果実が熟して裂け、中からたくさんの果肉の粒（種子の仮種皮《かしゅひ》）がのぞく姿が印象的だが、6月頃に咲くオレンジ色の花も美しい。花弁は6枚でしわがあり、雄しべが多数で、ツバキ（p.90）に少し似ている。葉は楕円形で長さ2～5cmと小さめ。枝には鋭いとげがあり、触れると痛い。果実が小さいヒメザクロや、八重咲きで果実ができないハナザクロも栽培されている。ザクロの名は、原産地であるイランのザクロス山脈からとったともいわれるが、諸説がある。

見てみよう

果実のつくり

ザクロの果実は、中に赤いつぶつぶがたくさん入っている特徴的な形だが、このつぶの食べる部分は、種子を覆う仮種皮とよばれるもの。

ノウゼンカズラ

［凌霄花］

Campsis grandiflora

分類	ノウゼンカズラ科ノウゼンカズラ属
生活	落葉樹
樹高	つる性
花期	6~9月
分布	中国原産
生育地	庭など

つるからぶらさがる、夏のラッパ

茎はつる性で、気根《きこん》で壁や塀などにへばりついて生長する。垂れ下がった茎に、明るいオレンジ色の、ラッパのような形をした花を咲かせる。花の形から、英名ではChinese Trumpet Vine（中国のトランペットつる植物）とよばれる。葉は小葉《しょうよう》が鳥の羽のように並んだ形で、茎に向かい合ってつく。小葉のふちにはぎざぎざがある。古い時代に渡来し、長く栽培されてきた植物。漢字では「凌霄花」と書き、「空をしのぐ花」という意味がある。

生き物とのつながり

ラッパの奥に蜜がある

ノウゼンカズラの花はラッパ形で、花の奥に蜜があるため、口吻《こうふん》の長いアゲハチョウのなかまなどが、蜜を吸いにやってくる。

ヒオウギ

［檜扇］
Iris chinensis

分類	アヤメ科アヤメ属
生活	多年草
草丈	60～100cm
花期	7～8月
分布	東アジア原産
生育地	山地の草原、庭など

扇のようにつく葉が名前の由来

山地などに野生で生える植物だが、観賞用に栽培もされている。平らに開く6枚の花被片《かひへん》には、赤い斑点がある。葉が扇のようにつく様子を、薄いヒノキの板でできた「檜扇」に見立てたのが名前の由来といわれる。花は一日花で、咲き終わるとくるくるとねじれたような姿になるのがユニーク。よく栽培されているのは、ヒオウギの変種のダルマヒオウギという種類で、花の色はオレンジ色のほか、黄色や赤みの強いオレンジなどもある。

見てみよう

真っ黒な「ぬばたま」

果実は熟すと裂け、つやつやした黒い種子が出てくる。この種子は「射干玉（ぬばたま）」とよばれ、「夜」や「髪」などの枕詞として『万葉集』などにも登場する。

ヤブカンゾウ

［薮萱草］　別名：ワスレグサ

Hemerocallis fulva var. *kwanso*

分類	ススキノキ科ワスレグサ属
生活	多年草
草丈	80~100cm
花期	7~8月
分布	北海道~九州
生育地	道端、林縁など

若い芽はおいしい山菜としても重宝される

Y字形に枝分かれした花茎《かけい》の先に、大きなユリのような花をつける。花は八重咲きで、雄しべと雌しべが花被片《かひへん》の形に変化している。変化途中のような雄しべが混じっていることもあり、また花被片は波打っていて、不揃いな印象。葉は細長い形。若い芽は、山菜として食べることができる。中国では花の美しさ、または若葉のおいしさから「憂いを忘れさせる草」とされ、それが別名の「ワスレグサ」の由来となったとの説がある。三倍体のため、種子はできない。

近縁種

ノカンゾウ

野原や田のあぜなどに生える。花は一重でヤブカンゾウよりすっきりした印象。特に赤みが強いものをベニカンゾウとよぶ。ヤブカンゾウと同じように若芽は食べられる。

キンモクセイ

[金木犀]

Osmanthus fragrans var. *aurantiacus*

分類	モクセイ科モクセイ属
生活	常緑樹
樹高	4~10m
花期	9~10月
分布	中国原産
生育地	庭、公園など

爽やかに漂う香りが秋を知らせる

10月頃、どこからか漂ってくるフルーティな甘い香りに、この花の開花に気づく。強い芳香から、トイレの芳香剤の香りとしてよく使われた。小さなオレンジ色の花がたくさん、束になって葉のわきにつく。花弁は4つに切れ込み、十字形をしている。花は咲き終わると花《か》柄《へい》とともに落ち、木の下がオレンジ色の絨毯のようになる。葉はやや細長く、枝に向かい合って付く。雌《し》雄《ゆう》異《い》株《しゅ》だが、日本で植えられているものはほとんどが雄株のため、果実は見られない。

近縁種

ギンモクセイ

キンモクセイはこの植物の変種。白い花が咲く。キンモクセイよりも花の付き方はまばら。香りはキンモクセイよりも弱く、花に顔を近づけると感じられる程度。

ツバキ（ヤブツバキ）

［椿］

Camellia japonica

分類	ツバキ科ツバキ属
生活	常緑樹
樹高	5～10m
花期	11～4月
分布	本州～沖縄
生育地	海岸沿い、山地、庭、公園など

冬から早春の代表的な花木

椿油など実用のほか、観賞用としても歴史が長い。花は多数の雄しべがくっついて筒状になる。サザンカ（p.308）に似ているが、本種の花は、花の形をとどめたまま丸ごと落ち、サザンカは花弁がばらばらに散る。一重、八重、覆輪《ふくりん》、絞りなど多様な園芸品種がある。ヤブツバキ系のほかに、日本海側に自生するユキツバキの系統や、中国原産のトウツバキ系、雑種とされるワビスケ系、熊本で発達した肥後ツバキ系などの園芸品種があり、雄しべの形などの特徴が違う。

生き物とのつながり

鳥が花粉を運ぶ

たっぷりの蜜を求め、メジロ（写真）やヒヨドリなどの野鳥が雄しべの筒に顔を突っ込むと、顔に花粉がついて運ばれる。鳥がとまった跡が黒く花弁につくことも。

ボケ

［木瓜］

Chaenomeles speciosa

分類	バラ科ボケ属
生活	落葉樹
樹高	1~2m
花期	3~5月
分布	中国原産
生育地	庭など

果実の特徴から付けられた名前

果実が瓜に似ていることから「木瓜」の名が付けられ、その読み方「モケ」がなまって「ボケ」になったといわれる。3月頃から、ウメに似た花弁5枚の花が咲く。花には雄花と雌花があり、両方が同じ木に咲く。花弁には丸みがあり、ふちが少し内側に丸まっている。枝にはとげがある。葉は楕円形で、ふちにはぎざぎざがある。多くの園芸品種があり、一重のほか、八重咲きや半八重咲きなどもある。同じ木に赤や白、ピンクなどの花が咲く品種もある。

近縁種

クサボケ

国内に自生し、山などに生えるボケのなかま。高さ0.3～1mと背が低いが、草ではなく木。細い枝が地面を這うようにのびる。果実は果実酒などに使われる。

チューリップ

Tulipa gesneriana

分類	ユリ科チューリップ属
生活	多年草
草丈	10～70cm
花期	3～5月
分布	中央アジア～北アフリカ原産
生育地	庭、公園など

暖かい場所では大きく開く

秋に球根を植え付けると、春に花を咲かせる、おなじみの球根植物。学校や公園など、花壇で色とりどりの花を咲かせ、春の風景を明るく彩る。開花する時期によって、早咲き、中生、晩咲きの種があり、さらに花の形等で、多くの系統に分かれている。よく見かけるのは、4月上旬から中旬頃にかけて咲くトライアンフ系や、ダーウィン・ハイブリッド系の園芸品種。気温が低いと花が閉じ、暖かいと花弁が大きく開く。冬の低温によって花芽が発達する性質がある。

やってみよう

チューリップの促成栽培

チューリップの球根は、寒さにあうことで花芽が発達するので、9月頃球根を冷蔵庫に入れ、約2か月保存してから植え付けると、早い時期に花が咲く。

1
2
3
4
5
6
7
8
9
10
11
12

チューリップのなかま

トライアンフ系

早咲きの一重咲き系と、晩咲き系とを交配して生まれた。丈夫な性質で、さまざまな色の園芸品種がある。促成栽培にも向いている種。

ダーウィン・ハイブリッド系

晩咲き系のダーウィン種と、フォステリアーナ種を交配して生まれた系統。花や葉が大きめで、病気に強く、いろいろな花色の品種がある。

ユリ咲き系

4月下旬ごろから咲く晩咲きのチューリップの一系統。花被片《かひへん》の先がとがって、外側に反り返るのが特徴で、ユリに似たユニークな花の形。茎はやや細め。

フリンジド咲き系

4月下旬ごろから咲く晩咲きのチューリップの一系統。花被片のふちがフリンジのように、細かく切れ込んでいる。切れ込みが深いものや浅いものなどいろいろな品種がある。

アネモネ

別名：ハナイチゲ

Anemone coronaria

分類	キンポウゲ科イチリンソウ属
生活	多年草
草丈	15~50cm
花期	3~5月
分布	地中海沿岸原産
生育地	庭、公園など

カラフルながくと、おしべの円模様のコントラスト

お皿のような花の中に、黒紫色の雄しべや雌しべがあり、花の中央部分が白い種類では、蛇の目模様のように見える。花弁はなく、がく片が花弁のように見える。葉はパセリのように、細かく裂ける。花の形は一重のほか、半八重、八重などがあり、雄しべや雌しべの色が淡いものもある。土の中に塊茎《かいけい》があり、そこから花茎《かけい》をのばして、先端に花を咲かせる。ヨーロッパでは古くから知られ、聖書に出てくる「野のユリ」が、このアネモネだともいわれている。

見てみよう

雌しべがたくさんある花

雌しべが1本だけという花は多いなか、アネモネにはたくさんの黒紫色の雌しべがある。雌しべの1つひとつがそれぞれタネ（果実）になる。

ベゴニア（ベゴニア・センパフローレンス）

別名：シキザキベゴニア

Begonia semperflorens

分類	シュウカイドウ科ベゴニア属
生活	一年草、多年草
草丈	20~60cm
花期	4~10月
分布	ブラジル原産
生育地	庭、公園など

つやつやの葉に小ぶりな花、中央の黄色がアクセント

春から秋の霜が降りる頃まで次々に咲き、花期が長い。丈夫な性質で育てやすいことから、花壇や道路沿いのコンテナなどに、さかんに植えられ親しまれている。葉の形は左右非対称で厚みがあり、つやつやした光沢がある。葉の色は緑、赤茶色（銅《どう》葉《ば》）があるほか、斑《ふ》入りや、ふちが赤くなるものもある。花色は、赤、白、ピンクなどがあり、一重のほか、八重咲きもある。雄花と雌花が同じ株につく。やや大きいものが雄花で、小さいものが雌花。

見てみよう

雄しべに化けた雌しべ

花には蜜がない。雄花の花粉を食べに来た虫は、雌花の黄色い雌しべにも花粉があると錯覚し、間違って雌花にも訪れ、花粉を運ぶという。

マツバギク

［松葉菊］

Lampranthus spectabilis

分類	ハマミズナ科ランプランサス属
生活	多年草
草丈	10～100cm
花期	4～10月
分布	アフリカ南部原産
生育地	公園、庭など

キクのなかまではなく多肉植物で、乾燥に強い

松葉のような細い葉と、キクのような花が名前の由来。葉が多肉質で、内部に水分を蓄えているので乾燥に強く、鉢植えのほか、日当たりの良い花壇や石垣などでよく栽培される。花には、光沢がある細い花弁がたくさんあるように見えるが、これは仮雄しべ（生殖の機能がない雄しべ）で、花弁やがくはない。ランプランサス属の数種の植物がマツバギクとして出回るほか、デロスペルマ属のクーペリ種もマツバギクとよばれることがあり、いろいろな種類がある。

見てみよう

開閉する花

マツバギクの花は、晴れているときは開き、曇っているときは閉じてしまう。光の量によって開閉するのか、温度によるのかは、よくわかっていない。

ポーチュラカ

別名：ハナスベリヒユ

Portulaca oleracea × *Portulaca pillosa* subsp. *grandiflora*

分類	スベリヒユ科ポーチュラカ属
生活	多年草
草丈	ほふく性
花期	5〜10月
分布	園芸種
生育地	公園、庭など

虫が来たら雄しべが集合!

地面を這ってのびる茎に、多肉質の小さなへら形の葉がたくさんつき、その先に黄、ピンク、オレンジなどの色あざやかな花をつける。夏の暑い時期にも次々に咲き、鉢植えや花壇などでよく栽培されている。花弁は5枚で、たくさんの雄しべがある。日当たりの良い場所でよく育ち、曇りや雨の日は花が開かない。また、寒さには弱い。日本にも自生するスベリヒユ（p.63）が交配種の一つといわれる。虫が来て雄しべに触れると、雄しべがその方向に動く性質がある。

近縁種

マツバボタン

ブラジル、アルゼンチンが原産の園芸植物。一年草で、葉が松葉のように細長いことからこの名がある。ポーチュラカと同じように、触れると雄しべが動く。

アブチロン（ウキツリボク）

別名：チロリアンランプ

Abutilon megapotamicum

分類	アオイ科イチビ属
生活	常緑樹
樹高	1.5m
花期	4～12月
分布	ブラジル原産
生育地	庭など

魚釣りの浮きによく似た、ユニークな花形

赤い筒のようながくから黄色い花弁がのぞくユニークな形の花に、思わず目をとめてしまう。花はぶら下がるように咲き、花弁からは紫色の雄しべが飛び出て見える。この形が、釣り道具の浮きのように見えることから「ウキツリボク」と名付けられたという。また花の形をランプに見立てて「チロリアンランプ」という園芸名もある。葉は細長いハート形で、ぎざぎざがある。ほかにも、いろいろなイチビ属の園芸植物が「アブチロン」の名で流通し、栽培されている。

近縁種

アブチロン・ヒブリドゥム

イチビ属のいくつかの植物を掛け合わせたもの。さまざまな園芸品種があり、花の色もピンク、オレンジ、黄色など多様。ハイビスカスを小さくしたような花を咲かせる。

グラジオラス

別名：オランダアヤメ
Gladiolus

分類	アヤメ科グラジオラス属
生活	多年草
草丈	60〜150cm
花期	5〜10月
分布	南アフリカ原産
生育地	庭、公園など

剣のような葉と、縦に並んだ華やかな花

グラジオラスという名前は、ラテン語の「小さな剣」に由来し、葉が剣のように長くとがっていることから付けられたといわれる。春に球根を植えて育てる夏咲きと、秋に球根を植えて育てる春咲きの2系統がある。巻くようについた長い葉の間から、まっすぐ茎がのび、縦に並ぶように花がつく。花は下の方から順に咲いていく。夏咲き系は、花の直径が小さめのものと大きなものとがあり、豪華な印象。春咲き系は葉が細く花も小さめで、上品な雰囲気がある。

注意しよう

連作障害

グラジオラスは、続けて同じ所で育てると、翌年から生育が悪くなってしまう。これを連作障害という。野菜ではナス科やウリ科、マメ科などの植物でよく見られる。

ハイビスカス

別名：ブッソウゲ

Hibiscus rosa-sinensis

分類	アオイ科フヨウ属
生活	常緑樹
樹高	50～200cm
花期	5～10月
分布	原産地不明
生育地	庭など

南国ムード100％、明るい印象の花

花弁5枚の大きな花の中心から、筒状の雄しべに包まれた雌しべが長く突き出した姿は独特。日本には江戸時代に渡来した。鉢植えで育てられることが多いが、沖縄県では屋外で多く栽培され、生け垣などにも利用される。本種以外の原種を掛け合わせたものを含め、園芸品種は数多く、オールド系、コーラル系、ハワイアン系の3タイプがある。花の色は白やピンク、オレンジなどさまざま。花の咲き方は横向きのほか、上向きや、垂れ下がるものもある。

近縁種

フウリンブッソウゲ

花は長い花柄《かへい》の先に下向きに咲く。花弁が細かく裂けて反り返り、その中から、筒状の雄しべに包まれた雌しべが長くのび出している。その姿はまさに風鈴そのもの。

サルビア・スプレンデンス

別名：ヒゴロモソウ

Salvia splendens

分類	シソ科サルビア属
生活	多年草、一年草
草丈	20～160cm
花期	5～11月
分布	ブラジル原産
生育地	公園、庭など

ピュッと横に飛び出した長い花が特徴

筒状のがくから、細長い花《か》冠《かん》が横向きに突き出した姿が特徴的。多くの種類があるサルビア属のなかで、このサルビア・スプレンデンスはポピュラーな植物で、夏から秋の花壇や歩道沿いの植え込みなどでよく見かける。燃えるような真っ赤な花色のほか、紫や白などの園芸品種もある。花は穂になってつき、下から咲いていくが、がくも色づいて花のように見える。葉は丸みがあり、ふちにぎざぎざがある。本来は多年草だが、日本では一年草として栽培される。

近縁種

サルビア・ガラニチカ

深い青色の花を咲かせる。冬に根が生き残り、翌年にまた葉が出る多年性のサルビア。

バラ

Rosa

分類	バラ科バラ属
生活	落葉樹
樹高	0.1～1.8m
花期	5～11月
分布	アジア、北アメリカ、ヨーロッパ、中近東、アフリカ原産
生育地	庭、公園など

ローマ時代から愛された美と愛の象徴

気高く優雅な姿で古くから愛されてきたバラは、園芸品種がとても多く、各地のバラ園でも、いろいろなバラを見ることができる。園芸品種のバラにはブッシュ（木立ち性）、半つる性、つる性があり、ブッシュ・ローズは大輪四季咲きのハイブリッド・ティー系、中輪房咲きのフロリバンダ系などに分けられる。つるバラは枝が長くのびるもので、フェンスや公園のアーチなどに絡ませて栽培される。花の形はさまざまで、香りも種によって違いがある。

関連種

モッコウバラ

中国原産のバラで、庭などでよく栽培される。花の大きさは直径2cmほどで、淡い黄色の八重咲きのほか、白や一重もある。常緑性で、花は春に咲く。とげはない。

バラのなかま

ハイブリッド・ティー系

1867年にフランスで生まれた‘ラ・フランス’という園芸品種が最初で、現在は最も多くの園芸品種がある系統。一定気温以上の場合、剪定をすると年間を通して花が咲く「四季咲き」で、花壇や切り花などで利用されている。

フロリバンダ系

フロリバンダは「花束」という意味で、房になって花が咲く。花の大きさは中輪で、花つきがよい。一定気温以上で剪定をすると、年間を通して咲く「四季咲き」の性質で、長い間、花が楽しめる。花壇や切り花で利用されている。

つるバラ系

ハイブリッド・ティー系や、フロリバンダ系などのバラで、枝がつるのように長くのびるものを「つるバラ」とよぶ。いわゆるつる植物のように、自分でぐるぐると何かに巻き付くわけではない。春だけに咲くものが多い。

オールドローズ

19世紀に四季咲きのバラが生み出されるより前に、ヨーロッパで栽培されていた、古いタイプの園芸品種。一重咲きのものや、花弁が渦を巻くように多数重なったものなどもあり、形はさまざま。香りがよいのも特徴。

ダリア

別名：テンジクボタン

Dahlia

分類	キク科ダリア属
生活	多年草
草丈	20~200cm
花期	5~11月
分布	メキシコ、グアテマラ原産
生育地	公園、庭など

色や形も多彩で豪華な夏の花

舌状花《ぜつじょうか》が幾重にも重なった、大きな頭花《とうか》は豪華で見ごたえがあり、各地のダリア園などでもさまざまな園芸品種を見ることができる。花の形は八重のデコラティブ咲きをはじめ、多数の舌状花が丸く集まるポンポン咲き、舌状花の花弁が細く反り返るカクタス咲き、シンプルな一重のシングル咲きなど10数種類に分類され、頭花の大きさは、直径2～3cmの極小輪から、直径26cm以上になる巨大輪までがある。通常は球根（塊根《かいこん》）を植えて栽培する。

近縁種

皇帝ダリア

草丈が3m以上にまで高くのび、茎が木のように堅くなる。花は一重咲きでピンク色。日が短くなってから花をつけるため、11月～12月頃開花する。

カーネーション

別名：オランダセキチク
Dianthus caryophyllus

分類	ナデシコ科ナデシコ属
生活	多年草
草丈	10～30cm
花期	通年
分布	南ヨーロッパ、西アジア原産
生育地	鉢植えなど

母の日の贈り物には欠かせない花

日本には江戸時代にオランダ人を通じて紹介され、母の日には欠かせない人気の花。1本の茎に1つの花がつくスタンダード系と、枝分かれした茎の先に複数の花がつくスプレー系がある。また、花の大きさが4～5cmほどある大輪タイプから、小輪タイプまで、花の大きさもいろいろ。鉢植えでの栽培に向いた「ポットカーネーション」もある。葉は向かい合ってつき、花弁は本来5枚だが、現在出回っているものはほとんど花弁がたくさんある重弁のもの。

関連種

青いカーネーション

「ムーンダスト」は、ペチュニアなどの遺伝子を組み込んで生まれた、青紫色のカーネーション。遺伝子拡散防止措置のため、鉢植えはなく、切り花での流通のみ。

ブラシノキ

別名：キンポウジュ

Callistemon cirinus

分類	フトモモ科カリステモン属
生活	常緑樹
樹高	2~3m
花期	5~6月
分布	オーストラリア原産
生育地	公園、庭など

コップ洗い用のブラシにそっくり

花は枝の先に穂状に並んでつき、花弁やがくが落ちて、長い雄しべだけになる。この赤い雄しべが枝を取り巻くように多数ついている姿は、コップを洗うブラシにそっくり。英語でも、Bottlebrush（ビン用ブラシ）という名前でよばれる。集まった花の先から、また枝がのびて生長する。葉は細長くて厚みがある。雄しべが白いシロバナブラシノキなども含め、カリステモン属のいくつかの植物が、ブラシノキとして栽培され、園芸品種もある。

見てみよう

枝をとりまくつぶつぶの果実

花が終わると、長さ6～9mm前後のつぶつぶの果実が枝をとりまくように多数つく。この中には小さな種子がたくさん入っている。

サツキ

[五月]　別名：サツキツツジ

Rhododendron indicum

分類	ツツジ科ツツジ属
生活	常緑樹
樹高	1m
花期	5～6月
分布	本州(関東・富山県以西～九州)
生育地	川岸、公園、庭など

ツツジより花期が遅く、5月頃から咲く

ツツジの一種だが、ほかの種より花期が遅い。関東地方以西に自生し、本来は川沿いなどに生える植物。公園や庭、歩道沿いなどによく植えられていて、園芸品種も数多い。葉は常緑性で厚みがあり、長さ2～3.5cmほどと小さめ。花は朱色や濃いピンク色などで、漏《ろう》斗《と》のような形に開き、途中から5つに裂けている。花の内側の上部分に、濃い赤色の斑点がある。花弁にすじやふち取り模様が入るものや白花など、園芸品種にはさまざまなタイプがある。

見てみよう

蜜のありかを教える目印

ツツジのなかまの多くには、花弁の上側に、濃い色の斑点模様がたくさんある。これは、昆虫に蜜のありかを示す目印で、蜜標《みつひょう》とよばれる。

ホウセンカ

［鳳仙花］　別名：ツマクレナイ、ツマベニ

Impatiens balsamina

分類	ツリフネソウ科ツリフネソウ属
生活	一年草
草丈	30～70cm
花期	6～10月
分布	インド、中国南部原産
生育地	公園、庭など

袋のような果実から種子が弾け飛ぶ

江戸時代に日本に導入され、学校などでもよく栽培された、なじみ深い植物。花は花弁とがく片が組み合わさった複雑な形で、がく片の1つは後ろに細長くのびた「距《きょ》」になっている。この奥に蜜があり、口の長いマルハナバチなどが蜜を吸う。花の色は赤、白、ピンクなどがあり、一重咲きのほか、八重咲きの園芸品種もある。果実は熟すと、果皮が内側に巻き上がって、種子が弾き飛ばされる。別名の「ツマベニ（爪紅）」は、花の汁で爪を染めたことから。

見てみよう

キャップのような雄しべ

雄しべはキャップ状に雌しべを覆い、花粉を出した後抜け落ちて、中から雌しべが出てくる。この時間差の仕組みを雄《ゆう》性先熟《せいせんじゅく》といい、自家受粉を避けている。

ペンタス

別名：クササンタンカ

Pentas lanceolata

分類	アカネ科ペンタス属
生活	常緑樹、多年草
草丈	30~150cm
花期	6~10月
分布	アフリカ、マダガスカル原産
生育地	公園、庭など

小さな星がたくさん集まり、夏も元気に育つ

小さな星のような花が、傘のように集まって多数つく。本来は半低木状に大きく生長するが、小さく育つ品種が、鉢植えやコンテナなどで栽培される。夏の暑さに負けず、長い期間咲き続けることから、歩道沿いの花壇などにもよく植えられている。葉は楕円形で先がとがり、毛が生えていて、葉脈が目立つ。花は漏斗のような形で、先が5枚に裂けている。同じアカネ科のサンタンカと花が似ているので、クササンタンカという別名がある。

関連種

サンタンカ

ペンタスと同じアカネ科だが、別の属（サンタンカ属）のなかま。色は赤のほか、黄、ピンクなどもある。沖縄では「サンダンカ」とよばれ、野生化したものも見られる。

ケイトウ

［鶏頭］

Celosia cristata

分類	ヒユ科ケイトウ属
生活	一年草
草丈	10～200cm
花期	7～10月
分布	熱帯アジア、インド原産
生育地	庭、公園など

「鶏頭」の名は、ニワトリのとさかに似ることから

炎のような花穂《かすい》が個性的。5枚の花弁がある小さな花が、花茎《かけい》の上に集まってつく。花穂がニワトリのとさかのような形をしたトサカケイトウ、トサカが縮まって球状になったような形の久留米ケイトウ（右上）、円錐形の羽毛ケイトウ（プルモーサ系）（左下）、もさもさした槍のようなヤリゲイトウ（チャイルジー系）などの種類がある。近年は、羽毛ケイトウの矮性品種《わいせいひんしゅ》やヤリゲイトウ系の八千代ケイトウが人気で、黄、赤、ピンク、オレンジなど、花色も豊富でカラフル。

見てみよう

帯化《たいか》した花

茎の先などが普通とは違い、平たい形に変化してしまうことを帯化《たいか》という。トサカケイトウは、この帯化が特徴として固定されたもの。

ルコウソウ

［縷紅草］

Ipomoea quamoclit

分類	ヒルガオ科サツマイモ属
生活	一年草
草丈	つる性
花期	8〜10月
分布	熱帯アメリカ原産
生育地	庭、空き地など

真っ赤な小さな花、グリーンカーテンにもぴったり

夏に直径2cmほどの、小さな漏斗《ろうと》形の花が咲く。花冠《かかん》は5つに裂けて星形に見える。また、葉は細長く魚の骨のように分かれている。茎はつるになってのびるため、ネットに絡ませると、ゴーヤやアサガオなどとは一味違うグリーンカーテンとして楽しめる。花の色は赤のほか、ピンクや白もある。こぼれ種で旺盛に発芽し、野生化していることもある。漢字では「縷紅草《るこうそう》」と書き、「縷《る》」は細い糸という意味。糸のように細い葉と、紅色の花から名付けられた。

近縁種

マルバルコウ

ルコウソウのなかまで、五角形の小さな花と丸い葉のつる植物。野生化して、空き地や道端などで見られる。交配種で、モミジのような葉の、ハゴロモルコウもある。

ワレモコウ

［吾木香］

Sanguisorba officinalis

分類	バラ科ワレモコウ属
生活	多年草
草丈	0.5~1m
花期	8~10月
分布	北海道~九州
生育地	草原など

小さなお団子を並べたような秋の草

お月見でススキとともに秋の植物として飾られるほか、『源氏物語』や『徒然草』にもその名が登場し、古くから人々に親しまれてきた植物の一つ。長い茎の先に小さな花が松ぼっくりのような形に集まってつき、上から下へ向かって順に開いていく。花色は赤紫がかった濃い色で、一つひとつの花には花弁がなく、花弁に見えるものはがく片。葉は小《しょう》葉《よう》が鳥の羽のようにつく。根《こん》茎《けい》を乾燥させたものは「地《ち》楡《ゆ》」という生薬として使われる。

生き物とのつながり

花を食べる虫

チョウのゴマシジミ（写真）の幼虫は、3齢幼虫まで、ワレモコウの花を食べて育つ。その後はクシケアリの巣に運ばれ、アリの幼虫を食べる。

ゼラニウム

Pelargonium

分類	フウロソウ科ペラルゴニウム属
生活	多年草
草丈	20~100cm
花期	通年
分布	南アフリカ原産
生育地	庭、公園など

年間を通して咲く丈夫な花

長い花茎《かけい》の先に花がボールのように集まって咲く。ほぼ一年中開花し、鉢植えのほか、花壇でもよく栽培される。花は花弁5枚で、赤、白、ピンクなどの色がある。葉は丸い形で、毛が生えていて、ふわふわとした手触り。葉を指でこすると、鉄さびのような、独特の匂いがする。切り取った枝でさし芽をすると、また新しい葉が出てきて栽培できる。いくつかの原種をかけ合わせた多くの園芸品種があり、八重咲きや、葉に斑《ふ》が入るものなどもある。

近縁種

ペラルゴニウム

ペラルゴニウム属の中でも、グランディフロルム種など数種を交配した園芸品種をこうよぶ。花期は4～7月頃。花弁がフリル状のものや模様が入るものなど、華やか。

ヒガンバナ

［彼岸花］　別名：マンジュシャゲ

Lycoris radiata

分類	ヒガンバナ科ヒガンバナ属
生活	多年草
草丈	30～50cm
花期	9月
分布	全国
生育地	田のあぜ、土手、庭など

田のあぜを赤く染める光景は、秋の風物詩

9月中旬頃になると、急に花茎《かけい》がのびだし、糸のような長い雄しべと細長い花被片《かひへん》がある花が5～7個、輪になってつく。田畑のあぜや土手などに群生し、風景を赤く染める様子は秋の風物詩でもある。花の時期には葉が見られず、花が終わってから細長い緑色の葉がのび、翌年の春には枯れる。こうしてほかの葉が少ない冬に、日光を独占して光合成を行い、地下の鱗《りん》茎《けい》に栄養を蓄えている。ほかにもヒガンバナ科のいくつかの種が、リコリスとして栽培される。

生き物とのつながり

赤い花を好むアゲハ

アゲハチョウのなかまは赤い花を好んで訪れる。赤い色がアゲハチョウに見えやすいためといわれる。長い口を花の奥に差し込み、蜜を吸う様子が見られる。

ポインセチア

別名：ショウジョウボク

Euphorbia pulcherrima

分類	トウダイグサ科トウダイグサ属
生活	常緑樹
樹高	10～60cm
花期	11～2月
分布	メキシコ原産
生育地	鉢植えなど

クリスマスの雰囲気にぴったりの赤い苞

晩秋～冬に鉢植えで出回り、「クリスマスの花」として欠かせない存在になっている。真っ赤に色づくのは苞《ほう》で、その中心にあるつぶつぶが花。花は緑色の総苞《そうほう》に包まれて花弁はなく、総苞の中に1個の雌花と、5～6個の雄花がある。日が短くなると苞が色づく性質があるため、人工的に日照時間を短くして、開花時期を調節することも行われる。苞が華やかなピンク色の「プリンセチア」や、苞が白色、斑入り、八重になるものなど、多くの園芸品種がある。

見てみよう

独特の花の形

ポインセチアなどトウダイグサ属は「杯状花序《はいじょうかじょ》」という独特の花の形が特徴。コップ状の総苞の中に、退化した雄花や雌花が入っている。外側の蜜腺《みつせん》から蜜が出る。

オキザリス

Oxalis

分類	カタバミ科カタバミ属
生活	多年草、一年草
草丈	5~30cm
花期	10~4月
分布	全世界に分布
生育地	庭、公園など

カタバミのなかまの園芸品種

オキザリスは、カタバミ属の園芸品種の総称。カタバミ属は世界に800種以上が知られ、日本ではカタバミ(p.54)やミヤマカタバミなどが自生するほか、ムラサキカタバミ(p.208)など外国産の種が野生化したものもある。そのほか、大きな花が咲くもの、花の形がパラソルのようなものなど多くの園芸品種があり、色もオレンジや紫などさまざま。葉は普通3つの小葉があるが、小葉が10枚ほどあるものや、四つ葉のクローバーを思わせる4小葉のものなどもある。

やってみよう

オキザリス=酸っぱい

「オキザリス」はギリシャ語の「酸っぱい」が由来。葉にシュウ酸が含まれるため。汚れた10円玉を葉で磨くと、シュウ酸の効果できれいになる。

プリムラ・ポリアンサ

Primula × polyantha

分類	サクラソウ科サクラソウ属
生活	多年草
草丈	5~20cm
花期	10~4月
分布	園芸種
生育地	公園、庭など

ラテン語の「最初の」が語源、春早くから咲く

サクラソウのなかま。花色はピンクや黄、赤などあざやかな色彩で、八重咲きもあり、冬の寒い時期から花を楽しめる。中心部分の花弁の色は黄色いものが多い。楕円形でしわのある葉が放射状につき、中央に花が集まって咲く姿は、プランターや鉢植えによく合う。いくつかの種の交配種プリムラ・ポリアンサや、ポリアンサとプリムラ・ジュリエとの交配種プリムラ・ジュリアン（左下写真）など、多くの種類がある。多年草だが、暑さに弱いので、夏になると枯れる場合もある。

注意しよう

かぶれに注意

プリムラのなかまにはかぶれの原因となるプリミンという物質が含まれる。特にかぶれを起こしやすいのはプリムラ・オブコニカだが、ほかのプリムラでも注意が必要。

シクラメン

別名：カガリビバナ、ブタノマンジュウ

Cyclamen persicum

分類	サクラソウ科シクラメン属
生活	多年草
草丈	10～70cm
花期	10～4月
分布	地中海沿岸沿岸
生育地	鉢植え、庭、公園など

冬の花壇でも定番の花として定着

冬の鉢植えの定番として、鉢植えで室内栽培されることが多かったが、寒さに強いガーデンシクラメンが登場して以来、冬の花壇や寄せ植えなど屋外用にも重宝されている。花の大きさは大輪、中輪のほか、ミニシクラメンとよばれる小輪のものも人気。八重咲きや覆輪《ふくりん》（ふち取り模様）など、多くの園芸品種がある。土の中に大きな塊茎《かいけい》があり、そこから長い柄のあるハート形の葉がのびる。花は裏返したように反り返り、下向きに咲く姿が特徴的。

見てみよう

シクラメンの果実

花後、通常は結実させると株が弱るなどの理由から花茎《かけい》ごと摘み取るが、そのままにしておくと丸い果実ができ、中に小さな種子が入っているのを観察できる。

デンドロビウム

Dendrobium

分類	ラン科デンドロビウム属
生活	多年草
草丈	10～80cm
花期	12～7月
分布	アジア、オセアニア原産
生育地	庭など

世界に1200種が分布する着生ランのなかま

樹木や岩などに根を出して生える着生ランのなかま。東南アジアを中心に、太平洋一体におよそ1200種が分布していて、ラン科のなかで最も種数が多い。日本ではそのうち200種ほどが栽培されていて、園芸品種も数多い。日本国内に自生するセッコクもこのなかま。棒のようになったバルブ（偽《ぎ》鱗茎《りんけい》）からたくさんの葉が出る。ノビル系、フォーミダブル系、デンファレなどの系統があり、落葉性のものと、常緑性のものがある。開花期は系統によって異なる。

関連種

セッコク

本州～沖縄に自生し、5～6月頃咲く。木などに着生し、木の幹から生えているような姿。葉は細長い。白～淡いピンクの花はほっそりと清楚な印象で、香りもよい。

プリムラ・マラコイデス

別名：オトメザクラ、ケショウザクラ
Primula malacoides

分類	サクラソウ科サクラソウ属
生活	多年草、一年草
草丈	20～50cm
花期	11～4月
分布	中国原産
生育地	庭など

花の環が、何重もの段になってつく

「サクラソウ」とよばれることもあるが、在来種のサクラソウとは別の植物。花が長い花《か》茎《けい》を取り巻くように輪になって、2～6段ほどの段状につく姿が特徴的。葉の形は丸みのある卵形で、長い柄があり、ふちには切れ込み鋭いぎざぎざがある。花の色はピンクが代表的だが、白や赤、ふち取り模様（覆《ふく》輪《りん》）など、多くの園芸品種がある。がくが白い粉を帯びていることから、「ケショウザクラ」という別名もある。本来多年草だが、一年草として栽培される。

関連種

サクラソウ

北海道、本州、九州の湿った所に自生するが現在は数が減り、環境省のレッドリストで準絶滅危惧（NT）に指定されている。花の形をサクラに見立てて名付けられた。

クリスマスローズ

Helleborus orientalis

分類	キンポウゲ科ヘレボルス属
生活	多年草
草丈	10～50cm
花期	2～4月
分布	ヨーロッパ、中東原産
生育地	庭など

クリスマスに咲かないクリスマスローズ?

花が少ない冬に咲き、花壇を彩ってくれる。一日数時間しか日が当たらない所や、木漏れ日の差す木陰など、半日陰の環境でよく育つ。本来のクリスマスローズは12月ごろ開花するヘレボルス・ニゲルという白い花だが、日本では、このヘレボルス・オリエンタリスという種が、主にクリスマスローズとして出回る。オリエンタリスの花期は2月下旬～4月頃と少し遅め。根茎《こんけい》からのびる花柄《かへい》の先に、うつむくように花がつく。全草に毒があり、触るとかぶれることがある。

見てみよう

本当の花はどこ?

クリスマスローズの花の、5枚の花弁に見えるものは、実際はがく片。本当の花は退化して、小さな蜜腺《みつせん》になっている。

1
2
3
4
5
6
7
8
9
10
11
12

シンビジウム

Cymbidium

分類	ラン科シンビジウム属
生活	多年草
草丈	30～80cm
花期	12～3月
分布	アジア、オセアニア原産
生育地	鉢植えなど

日光を浴びて元気に育つ、丈夫なラン

「シンビジウム」はシンビジウム属の種を交配して生み出された、多くの園芸品種をまとめた総称。根《こん》茎《けい》が変形して丸くふくらんだバルブ(偽《ぎ》鱗《りん》茎《けい》)が根元にあり、ここに養分や水分を蓄えていて、この部分から細長い葉がのびる。園芸品種のほとんどは、熱帯アジア産の大型種から生み出されたが、中国や日本産のシュンラン、カンランなども、同じ属のなかま。花は6枚ある花《か》被《ひ》片《へん》のうち、真ん中の唇《しん》弁《べん》が目立ち、2か月近くもの長い間咲き続ける。

関連種

シュンラン

林の中などに自生し、「春蘭《しゅんらん》」の名のとおり春に咲く。草丈は10～25cmほど。6枚の花《か》被《ひ》片《へん》のうち5枚は黄緑色で、真ん中の唇弁は白く、赤紫色の斑点がある。

アザレア

Rhododendron

分類	ツツジ科ツツジ属
生活	常緑樹
樹高	1~1.5m
花期	12~5月
分布	日本、中国
生育地	庭、鉢植えなど

ヨーロッパで改良された華やかなツツジのなかま

日本や中国生まれの常緑ツツジ類を掛け合わせて、ヨーロッパで生み出された園芸品種群が「アザレア」とよばれる。日本には明治時代に「逆輸入」された。八重咲きで大きな花を咲かせ、花弁がフリルのように波打つものなど、華やかなものが多く、色も赤、ピンク、花弁にふち取り模様があるもの（覆《ふく》輪《りん》）など、多様な品種がある。本来の開花期は5月だが、温室栽培されて開花した鉢植えが冬に園芸店で出回っている。寒さには、あまり強くない。

やってみよう

酸性の土が好き

土壌の酸性度は植物の生育に大きく影響し、酸性の土で育ちにくい植物も多いが、アザレアをはじめ、ツツジのなかまは酸性の土壌でよく育つ性質がある。

スイートピー

別名：ジャコウエンドウ、カオリエンドウ

Lathyrus odoratus

分類	マメ科レンリソウ属
生活	一年草
草丈	15～300cm
花期	12～5月
分布	イタリア原産
生育地	庭など

甘いのは香りだけ、食べられないマメ

チョウのような形で、パステルカラーの可憐な花を咲かせる。花の色はピンクや黄、白のほか、赤などさまざま。庭などで栽培される春咲き、夏咲きの種類は、秋に種子をまいて育てる。切り花には、温室栽培の冬咲きのものが用いられる。つる性で、葉の先の巻きひげで支柱やフェンスなどに絡みつく。3mほどまでのびることがあるが、近年は、草丈が20～60cmと低く育つ種類もプランター用に人気。果実はマメの形だが、毒があって食べられない。

見てみよう

葉巻きひげ

スイートピーは、葉の先に巻きひげがあり、支柱やほかの植物などにしがみつきながらのびる。これは葉の一部が巻きひげに変化した「葉巻きひげ」。

トキワマンサク

Loropetalum chinense

分類	マンサク科トキワマンサク属
生活	常緑樹
樹高	3~6m
花期	2~4月
分布	本州(静岡県、三重県)、九州(熊本県)
生育地	山地、公園、庭など

ヒモのような細長い花弁の花

日本国内では、三重県伊勢神宮、静岡県湖西市、熊本県荒尾市の3カ所で局地的に自生しているが、公園や生け垣などに植栽されたものを見る機会が多い。5月頃、枝先に細長い花弁が4枚ある花が6〜8個集まってつき、カーテンのタッセルのような姿になる。葉は常緑で、長さ2〜4cmとやや小さく、互い違いにつく。花の色は白のほか、ピンク色の花が咲く変種のベニバナトキワマンサク(写真)やその園芸品種がよく栽培され、葉が赤みがかる種類もある。

関連種

マンサク

トキワマンサクと違い、マンサク属の植物。早春、ほかの花が咲く前に開花するため「まず咲く」が転じたのが名の由来。4枚のひものような花弁があり、がく片は赤茶色。

デージー

別名：ヒナギク

Bellis perennis

分類	キク科ヒナギク属
生活	一年草、多年草
草丈	15~40cm
花期	2~5月
分布	ヨーロッパ、地中海沿岸原産
生育地	庭、公園など

小さな二重丸のような可愛らしい花

幕末または明治初期に渡来したとされる園芸植物で、可愛い姿から「雛《ひな》菊《ぎく》」の名もある。細長い花弁の舌《ぜつ》状《じょう》花《か》が多数、中央の黄色い筒《とう》状《じょう》花《か》を囲むように丸くつく。草丈はあまり高くならず、花壇のふちにほかの花を囲むように植えられたり、鉢植えやプランターで栽培されたりする。葉はへら形で、根元に広がるようにつく。さまざまな系統、園芸品種があり、花の色は赤、白、ピンクなどがある。自生地では多年草だが、日本では夏に枯れるため一年草として扱う。

見てみよう

恋のものさし

ヨーロッパでは「好き、嫌い…」と花弁を抜いていく「恋占い」に使われた。原種は一重咲きで、現在の八重咲き品種とは少し違うイメージ。

ハナモモ

[花桃]

Amygdalus persica

分類	バラ科モモ属
生活	落葉樹
樹高	5~8m
花期	3~4月
分布	中国原産
生育地	庭、公園など

「桃色」の由来になった花の色

桃の節句で観賞されたり、花色から「桃色」という言葉が生まれたり、古くから親しまれてきた花。果実用のモモに対し、観賞用の園芸品種を「ハナモモ」とよび、花の形は一重や八重、花色はピンクのほか、白や紅、また同じ株で白とピンクの両方が咲くものなどがある。ほうきを逆さに立てたような樹形や、枝がしだれるものも。花期は4月上旬頃だが、温室栽培されたものが雛祭り用の切り花として出回る。花は1節に1～3輪つき、花《か》柄《へい》は短い。

見てみよう

春の花の見分け方

ウメはモモよりやや開花が早く、花弁がモモより丸みがある。また1節につく花が2つでモモより花がまばらに見える。サクラは花弁の先が切れ込んでいる。

ソメイヨシノ

［染井吉野］

Cerasus × yedoensis ‘Somei-yoshino’

分類	バラ科サクラ属
生活	落葉樹
樹高	8〜10m
花期	3〜5月
分布	交配種
生育地	公園、街路樹、川沿いなど

サクラとよばれるサクラ、お花見の主役

オオシマザクラとエドヒガンの雑種で、全国各地の公園や河川敷、道路沿いなどに多数植えられている。一般に日常会話で「サクラ」といえば本種を指すほど、日本人にとって身近なサクラ。葉が出る前に、花弁5枚の淡いピンク色の花が枝いっぱいに咲く。各地に植えられたソメイヨシノの木は、すべてが同じ遺伝子をもつクローン。同じ個体で受粉しても正常な種子をつくれない性質（自家不和合性）から、種子で育つことがなく、挿し木で育てられる。

1
2
3
4
5
6
7
8
9
10
11
12

生き物とのつながり

蜜は鳥たちの好物

メジロやヒヨドリなどがやってきて、花の中にくちばしを差し込んで蜜を吸うことで花粉が運ばれるが、スズメなど、花を食いちぎって蜜を吸う鳥もいる。

サクラのなかま

カンヒザクラ

ヒカンザクラともよばれる。中国・台湾原産で、1～3月から咲く早咲きのサクラ。花の色はあざやかな濃いピンクで、半分閉じたような咲き方をする。ソメイヨシノが育ちにくい沖縄では、カンヒザクラが開花予想の標準木とされた。

ヤマザクラ

本州から九州までに自生するサクラで、山地などに野生で生えているほか、栽培もされる。花の時期に若葉も出ているため、ソメイヨシノとは違った趣がある。若葉の色は赤や茶色がかっていることが多いが、緑色の場合もある。

オオシマザクラ

桜餅をくるんでいる葉は、このオオシマザクラの葉を塩漬けにしたもの。花の色は白く、花の時期に、緑色の若葉も出ているため、白と緑のコントラストが楽しめる。花はよい香りがする。伊豆半島に自生し、栽培も多い。

サトザクラ

オオシマザクラなどを親とした園芸品種の総称。濃いピンク色の八重桜である'カンザン'は、公園や街路樹でよく見られる。葉のように変化した雌しべが2本ある'フゲンゾウ'、黄緑色の花の'ウコン'など多様な品種がある。

ヒマラヤユキノシタ

別名：ベルゲニア

Bergenia stracheyi

分類	ユキノシタ科ベルゲニア属
生活	多年草
草丈	20～40cm
花期	3～4月
分布	東アジア～中央アジア原産
生育地	庭、公園など

早春から元気に咲くピンク色の花

早春のまだ寒い時期から、明るいピンク色の花を咲かせる園芸植物。葉は丸く厚みがあり、根元に広がるようにつく。長い花茎《かけい》をのばし、先端にピンク色の花が集まって咲く。花の色は白いものもある。このストレイチー種以外に、近縁の種もヒマラヤユキノシタとよばれることがあり、園芸品種もある。在来種のユキノシタ（p.290）とは属が違い、あまり似ていない。根茎《こんけい》が枝分かれしながら横にのびていくので、グラウンドカバーとして利用される。

見てみよう

グラウンドカバーとは？

地表を覆うために植物を植えて育てることで、茎が地を這って育つものや、地下茎《ちかけい》で増える植物が使われる。見た目の良さのほか雑草防止にもなる。

ハナカイドウ

Malus halliana

分類	バラ科リンゴ属
生活	落葉樹
樹高	5~8m
花期	4月
分布	中国原産
生育地	庭、公園など

赤褐色の長い柄でぶら下がる華やかな花

ソメイヨシノの花が終わる頃から、濃いピンク色の花が下向きに垂れ下がるように、枝いっぱいに咲く。長い花柄《かへい》があり、花柄やがくが赤褐色なのも特徴。花は一重～半八重咲きで、すぼみ気味に咲く。楕円形の葉は、長さ4～10cmとやや小さめ。原産地の中国での名前「海棠《かいどう》」をそのまま日本語読みして、名前が付けられた。中国では美人をこの花に例えることもあるほど、古くから愛されている。八重咲きや、枝がしだれる園芸品種もある。

近縁種

ナガサキリンゴ

花はハナカイドウと似ているが、大きな果実をつけるため「ミカイドウ」ともよばれる。果実は直径1.5cm前後で、食べられる。花は上向きに咲く。

ユスラウメ

［梅桃］
Microcerasus tomentosa

分類	バラ科ニワザクラ属
生活	落葉樹
樹高	3~4m
花期	4月
分布	中国原産
生育地	庭、公園など

小さなウメのような花が咲く

直径1.5～2cmくらいの、ウメより小さめの花が、枝を覆うように並んで咲く。葉は卵形でぎざぎざがあり、互い違いにつく。葉には毛が生えている。6月頃、直径1cmくらいの赤い果実が実る。この果実は食べることができ、果実酒にも使われる。また果実の種子を乾燥させたものは「毛《もう》桜《おう》桃《とう》」という生薬に利用されている。便通の促進や利尿、肩こり、むくみなどに効果があるという。和名は朝鮮語名の「イズラ」がなまり、「ユスラ」になったとされる。

近縁種

ニワウメ

ユスラウメよりやや背が低い木で、高さ1～2mほど。花はピンクまたは白で、花弁は楕円形。葉は先がややとがって細くなる。果実はユスラウメ同様食べられる。

シバザクラ

［芝桜］
Phlox subulata

分類	ハナシノブ科フロックス属
生活	多年草
草丈	10cm
花期	3～5月
分布	北アメリカ
生育地	庭、公園など

大規模に栽培すると花の絨毯のよう

茎が地面を這うようにのび、節から根を出して増えていく。葉は芝のように細長く、小さなサクラのような花が咲くので、「芝桜《しばざくら》」と名付けられた。花の大きさは1.2～1.8cmくらいで、根元は筒状になり、先は5つに切れ込んでいる。色とりどりのシバザクラが大規模に栽培され、一面ピンクや白、赤のパッチワークのような、見事な風景を楽しめる場所もある。花壇のふちなどに植えられるほか、土壌の流失防止に役立つため、斜面などでも栽培される。

見てみよう

シバザクラの名所

埼玉県の羊山公園《ひつじやまこうえん》、愛知県の茶臼山高原《ちゃうすやまこうげん》など、広大な面積にシバザクラを栽培している場所が全国各地にあり、開花期には多くの人でにぎわう。

ヒラドツツジ（オオムラサキ）

Rhododendron Hirado Group

分類	ツツジ科ツツジ属
生活	常緑樹
樹高	1～3m
花期	3～6月
分布	園芸種
生育地	公園、庭、道路沿いなど

大きな花を咲かせるツツジ

長崎県の平戸市に持ち込まれた、いろいろなツツジから生まれた品種群で、大きな花を咲かせる。本種の園芸品種の一つである‘オオムラサキ’が、公園や歩道沿いなどによく植えられている。花は大きく、花《か》冠《かん》が5つに裂け、内側には紫色の斑点がある。葉は枝先に集まってつき、表裏に毛が生えている。花が多数咲くため、華やかで見ごたえがある。‘オオムラサキ’の変異品種である‘アケボノ’はピンク色で、花弁のふちに白いふち取りがある。

見てみよう

糸でつながる花粉

ツツジのなかまの花粉は、指で触ると、糸でつながったようにのびている様子が観察できる。虫にまとめて多くの花粉を運んでもらえるというメリットがある。

ツツジのなかま

キリシマツツジ

いくつかのツツジの交配種とされ古くから栽培されているツツジ。葉は小さく厚めで、花色は赤のほか、ピンクなどの園芸品種もある。鹿児島県の霧島山に自生するツツジから生み出されたためこの名前がつけられた。

ミツバツツジ

関東～近畿の山などに生えるツツジ。葉が枝先に3枚集まってつくことから「三葉」の名がある。花は直径3～4cmで、深く裂けて裂片《れっぺん》は細長く見え、平らに開くため、雄しべや雌しべが突き出して見える。若葉はベタベタする。

ヤマツツジ

本州から九州の山などに自生するツツジ。花の直径は4～5cmほどで、朱色、赤色、または赤紫色、色が淡いものや濃いものなど、個体差がある。枝には茶色がかった毛が生えている。本種から生まれた園芸品種もある。

レンゲツツジ

高原などに多く自生するツツジのなかま。北海道から九州までに分布する。花はオレンジ色に近い朱色で直径5～6cmほどになる。庭などに植えられることもある。蜜を含め全体に強い毒性があるので注意。

ハナズオウ

［花蘇芳］

Cercis chinensis

分類	マメ科ハナズオウ属
生活	落葉樹
樹高	2~15m
花期	4~5月
分布	中国原産
生育地	庭、公園など

丸い葉をつけるが、マメのなかま

春、まだ葉が出る前に、紫がかったピンク色の花を枝いっぱいに咲かせる。花の形は蝶形で、果実は平たいさやのなかに種子が並んで入っているマメの形だが、葉は長さ8cmほどの丸みのあるハート形で、マメのなかまによくみられる複葉《ふくよう》(小葉《しょうよう》が並んでつき、1枚の葉となる形)ではない。「花蘇芳《はなずおう》」の名は、スオウという植物の染料で染めた「蘇芳色《すおういろ》」に、花の色が似ていることが由来とされる。真っ白な花の品種、シロバナハナズオウもある。

近縁種

アメリカハナズオウ

北アメリカ原産の、ハナズオウのなかま。葉が斑《ふ》入りのものや赤みがかったもの、花が八重咲になるものなど、いろいろな園芸品種がある。

ボタン

［牡丹］

Paeonia suffruticosa

分類	ボタン科ボタン属
生活	落葉樹
樹高	1~1.5m
花期	4~5月
分布	中国原産
生育地	庭、鉢植えなど

美人の形容にも使われる豪華な花

原産地の中国では古来「花《か》王《おう》」とされ、数多くの園芸品種が生まれ愛好された。日本には平安時代に渡来したとの説があり、工芸品や絵画のモチーフとしてもよく使われている。和ボタン、洋ボタン、中国ボタンに分類され、花の形は一重、八重、花弁が多い千重や万重、花弁が多く中央が盛り上がる獅子咲きなどがある。また開花期で春咲き、冬咲き（寒ボタン）などに分けられる。葉は小葉3枚が集まり、それがさらに3枚セットになった形で、深い切れ込みが入る。

関連種

シャクヤク

ボタンは樹木、シャクヤクは草。「立てばシャクヤク、座ればボタン」の言葉のとおり、ボタンは枝分かれして横に広がり、シャクヤクはまっすぐ立つ。

ハナミズキ

［花木］　別名：アメリカヤマボウシ

Cornus florida

分類	ミズキ科ミズキ属
生活	落葉樹
樹高	5～12m
花期	4～5月
分布	北アメリカ、メキシコ原産
生育地	庭、公園、街路樹など

サクラと入れ替わるように咲く身近な花木

街路樹として植えられるほか、公園、学校、庭などさまざまな場所で、ソメイヨシノが終わったころから咲き、目を楽しませてくれる。花弁に見えるものは総《そう》苞《ほう》片《へん》で、先端がくぼんだ形が特徴的。花の中央にあるのが、小さな花の集まり。花色は白、ピンク、濃い紅、淡い黄などがある。葉は先がとがった卵形。果実は赤く楕円形で、つやがある。明治後期に、当時の東京市長からワシントンD.C.へサクラの木を贈った返礼として、この木が贈られた。

関連種

ヤマボウシ

ハナミズキとよく似ているが、花弁に見える総苞片の先がとがっているものがヤマボウシ、へこんでいるものがハナミズキ。ヤマボウシの果実は食べられる。

1
2
3
4
5
6
7
8
9
10
11
12

アルメリア

別名：ハマカンザシ
Armeria maritima

分類	イソマツ科アルメリア属
生活	多年草
草丈	5~60cm
花期	4~5月
分布	北半球
生育地	庭、公園など

まん丸の飾りがついたかんざしのよう

細長い花茎《かけい》の先に、小さな花がボールのように丸く集まって咲く。この姿がかんざしのように見え、原産地では海辺に多いので、ハマカンザシの別名がある。花冠《かかん》は5つに裂け、花弁が5枚あるように見える。葉は細長く、長さは5～8cmくらい。花の色はピンクのほか、白や濃い紅色もあり、葉にふち取り模様が入る園芸品種もある。

ラッセルルピナス

別名：ルピナス
Lupinus polyphyllus

分類	マメ科ルピナス属
生活	多年草、一年草
草丈	40~120cm
花期	4~6月
分布	北アメリカ
生育地	庭、公園など

フジの花を逆さに立てたような姿

北アメリカ原産のルピナス・ポリフィルスと、ほかの種とをかけ合わせて作り出された園芸品種で、蝶形の花がびっしりとついて長い穂になる。花色は青紫、ピンク、赤、オレンジ、黄、白などカラフル。草丈が1m前後までのびる種のほか、50cm程度と低く育つ系統もある。本来は多年草だが、日本では一年草として栽培される。

セイヨウシャクナゲ（ロードデンドロン）

［西洋石楠花］
Rhododendron

分類	ツツジ科ツツジ属
生活	常緑樹
樹高	50cm～5m
花期	4～5月
分布	ヨーロッパ、アジア、北アメリカ
生育地	公園、庭、街路樹など

枝先にパッと開く漏《ろう》斗《と》形《がた》の花が華やか

シャクナゲのなかまのうち、欧米で品種改良されたものがまとめてセイヨウシャクナゲとよばれる。漏斗形で先が5つに分かれた大きな花が、枝先にまとまって咲く姿は、華やかでよく目立つ。また、花の形が筒状やつぼ形などのタイプもある。葉は常緑で細長く、枝先に放射状に集まるものが多い。属名の*Rhododendron*とは本来、ツツジやサツキのなかまも含まれる「ツツジ属」のことだが、特にこのセイヨウシャクナゲを「ロードデンドロン」とよぶことが多い。

近縁種

在来種のシャクナゲ

日本国内に自生するシャクナゲのなかまには、アズマシャクナゲ、ツクシシャクナゲ、ハクサンシャクナゲ（写真）ほか数種がある。主に山地に生える。

ホトケノザ

［仏の座］　別名：サンガイグサ

Lamium amplexicaule

分類	シソ科オドリコソウ属
生活	越年草
草丈	10〜30cm
花期	3〜6月
分布	本州〜沖縄
生育地	道端、草地、畑など

葉が段になるので「三階草《さんがいぐさ》」の名も

秋に芽を出してそのまま冬を越し、春に花が咲く「越年草《えつねんそう》」だが、秋のうちから咲いている姿もよく目にする。春になると、住宅地の道端などで普通に見られる。向かい合ってつく2枚の葉が、茎を囲むように見え、それが何段も重なっている。この葉が仏様の座る蓮華座《れんげざ》に似ているというのが和名の由来。花は細長い筒のようで、先は唇形《しんけい》に開いている。花には毛がある。なお、春の七草のホトケノザはこの植物ではなく、コオニタビラコ（p.40）のこと。

見てみよう

開かない花

茎の先端に、つぼみのような小さな閉じた花が見られることがある。これは閉鎖花《へいさか》といい、閉じたまま開かない花。自家受粉して種子をつくる。

ヒメオドリコソウ

［姫踊り子草］

Lamium purpureum

分類	シソ科オドリコソウ属
生活	越年草
草丈	10～25cm
花期	4～5月
分布	ヨーロッパ原産
生育地	道端、空き地など

春の野原で舞う、小さな踊り子たち

シソのようにぎざぎざのある小さな葉が重なるようにつき、ピラミッドのような四角錐形に見える。茎の上の方につく葉は紫色がかり、葉の間から、ピンク色の細長い筒形の花が、突き出すようにつく。ヨーロッパ原産で明治時代に渡来したが、今では道端などで普通にみられる春の野草の一つ。同じなかまのオドリコソウは、花笠をかぶって踊る人の姿に見立てて名付けられたが、それに似て少し小さいことから、ヒメオドリコソウの名が付けられた。

触ってみよう

シソのなかまのしるし

シソ科の植物は、茎の断面が四角形をしているものが多い。ヒメオドリコソウもその一つで、茎を触ると、角ばっていることが分かる。

アルストロメリア

別名：ユリズイセン

Alstroemeria

分類	ユリズイセン科ユリズイセン属
生活	多年草
草丈	10～200cm
花期	4～6月
分布	南アメリカ原産
生育地	庭、公園など

切り花で人気の球根植物

花被片《かひへん》6枚の花が漏斗《ろうと》形《がた》に開き、花の内側には、細いペンでスッスッと描いたような、細長い斑点がたくさんあるのが特徴。花の色はピンクや白、黄などバリエーション豊かで、切り花用によく利用されている。アルストロメリアの原種は、100種ほどが南アフリカに分布しているが、現在では日本の気候に合った園芸品種も多く生み出され、花壇などでも栽培されている。葉は細長い形で葉柄《ようへい》がねじれて、裏面が表を向いていることが多い。

見てみよう

表が裏になった葉？

本種の葉は、つけ根の部分でねじれて、表が下を向き、裏が上を向いて裏表が反転している。なぜこんな性質があるかは、よくわかっていない。

1
2
3
4
5
6
7
8
9
10
11
12

ゲンゲ

［紫雲英］　別名：レンゲソウ

Astragalus sinicus

分類	マメ科ゲンゲ属
生活	越年草
草丈	10～25cm
花期	4～6月
分布	中国原産
生育地	水田、空き地など

春、水田を一面ピンク色に染める

かつては緑肥《りょくひ》として、収穫後の水田に種子をまいて栽培され、春になるとピンク色の花が一面に広がる風景が見られた。戦後は化学肥料の普及等により、こうした栽培方法は減少したが、近年、有機栽培への関心の高まりで復活も見られる。レンゲソウ（蓮華草）とよばれることも多いが、これは花序の形がハスに似ていることによる命名。小さな蝶形の花が多数、輪のように集まってつき、1つの花に見える。ハチミツを集めるための蜜《みつ》源植物《げんしょくぶつ》としても知られる。

見てみよう

根にすむ菌のはたらき

ゲンゲの根には、つぶのような「根粒《こんりゅう》」がある。この中にいる「根粒菌」は、空気中の窒素を、植物が養分として利用できる形に変化させる。この性質を利用して、緑肥に使われる。

ガーベラ

別名：ハナグルマ、オオセンボンヤリ

Gerbera jamesonii

分類	キク科ガーベラ属
生活	多年草
草丈	10～80cm
花期	4～7、10月
分布	南アフリカ原産
生育地	庭、公園など

ブーケに欠かせない、大きくて明るい花

小さなたくさんの筒状花《とうじょうか》と、その周りにつく花弁の長い舌状花《ぜつじょうか》が集まって、1つの花に見える。明るいイメージ、長い花茎《かけい》の先に1つの頭花《とうか》がつく単純な草姿、多彩な花の色などが切り花に適し、花束やアレンジメントに欠かせない人気の花。花の形は、一重咲きのほか八重咲きもある。葉は地面近くに集まってつき、花茎はやや太く、葉や茎にはうぶ毛が多い。鉢植え向きの背の低いものや、花壇向きのガーデンガーベラなど、数多くの園芸品種がある。

関連種

ガーデンガーベラ

宿根《しゅっこん》ガーベラともよばれる。従来のガーベラよりも暑さや寒さ、病害虫に強く、花壇や屋外のコンテナでの栽培に向いている。'ガルビネア'などの園芸品種がある。

オステオスペルマム

Osteospermum eklonis

分類	キク科オステオスペルマム属
生活	多年草
草丈	20~80cm
花期	1~5、9~11月
分布	熱帯アフリカ
生育地	公園、庭など

花壇を埋めるように、株一杯に咲く

ディモルフォセカにとても近いなかまで、花の形も似ている。また、ディモルフォセカとの交雑種もある。花壇などで、たくさんの花を密に咲かせる。一年草と多年草があるが、日本では主に多年草タイプのものが多く栽培されている。花の形は、筒状花《とうじょうか》の集まりの周りに、花弁の長い舌状花《ぜつじょうか》がつくキクのような形だが、なかには舌状花の花弁の先がスプーンのようになる、ユニークな園芸品種（左下写真）もある。舌状花だけに種子ができる性質がある。

近縁種

ディモルフォセカ

オステオスペルマムとよく似ているが、一年草として扱われる。花の色はオレンジや黄色などで、晴れた日中は花を開くが、夜や曇りの日は閉じる性質がある。

カンパニュラ

別名：フウリンソウ
Campanula medium

分類	キキョウ科フウリンソウ属
生活	二年草
草丈	50～100cm
花期	4～7月
分布	ヨーロッパ原産
生育地	公園、庭など

大きな釣鐘形の花が個性的

カンパニュラのなかまには250種ほどがあり、日本国内に自生するホタルブクロ（p.217）もこのなかま。このメディウム種は、筒形の釣鐘のような形が特徴で、フウリンソウ（風鈴草）という別名がある。また属名の*Campanula*も、ラテン語で「鐘」という意味の「campana」が語源となっている。切り花で人気があるほか、花壇や鉢植えなどでも栽培される。葉は細長い形。たくさんの園芸品種があり、草丈は1m近くなるもののほか、低く育つ品種もある。

見てみよう

自家受粉を避けるしくみ

カンパニュラはキキョウのなかまで、キキョウと同じように、雄しべが先に成熟する性質がある。雄しべが花粉を出したあと、雌しべの柱頭が開く仕組み。

ペチュニア

別名：ツクバネアサガオ

Petunia

分類	ナス科ペチュニア属
生活	一年草、多年草
草丈	10~30cm
花期	4~11月
分布	南アメリカ原産
生育地	公園、庭など

春~秋まで、花壇をカラフルに彩る

ラッパのような丸い花を咲かせ、公園や歩道沿い、庭先など、さまざまな場所で目にする機会が多い。丈夫で花期が長く、花の色は赤やピンク、黄、白など。花弁に模様が入るものや八重咲きなどもあり、バラエティに富んでいる。花は雨に当たると傷みやすいが、品種改良で雨に強い種類も生まれている。葉や茎には毛が生えていて、触るとベタベタする。ペチュニアはブラジルの言葉で「タバコ」の意味で、近いなかまであることから名付けられた。

近縁種

カリブラコア

ペチュニアを小さくしたような花が咲く。花色がとても豊富。花つきもよく、たくさんの花が咲き、雨にも強い。葉や茎はベタベタしないものが多い。

ヒメツルソバ

別名：ポリゴナム

Persicaria capitata

分類	タデ科イヌタデ属
生活	多年草
草丈	ほふく性
花期	4~11月
分布	ヒマラヤ原産
生育地	庭など

丈夫でよく増える、ピンクの金平糖《こんぺいとう》

たくさんの楕円形の葉がついた茎が、地面を覆うようにのび広がり、金平糖のようなピンク色の小さな花が集まってつく。葉にはV字型の模様があり、斑が入るタイプのものもある。花壇や鉢植えで栽培されるほか、増えやすい性質のため、野生化したものを道端などで見かけることも多い。寒さには弱いが、暑さや乾燥には強い。

ママコノシリヌグイ

別名：トゲソバ

Persicaria senticosa

分類	タデ科イヌタデ属
生活	一年草
草丈	1m
花期	5~10月
分布	全国
生育地	道端、水辺、林のふちなど

ひどい命名の由来は、逆さに生えた鋭いとげ

茎や葉に下向きのとげがたくさんあり、これで継子《ままこ》の尻をぬぐうという残酷な由来がある名前。道端や林のふちなど、やや湿った場所で見られる。茎は倒れるようにのび、よく枝分かれして茂る。小さな花が10数個集まってつく。花弁にみえるものはがくで、5つに裂けている。葉は長さ3～8cmほどの三角形で、互い違いにつく。

キツネアザミ

［狐薊］

Hemisteptia lyrata

分類	キク科キツネアザミ属
生活	越年草
草丈	60～90cm
花期	5～6月
分布	本州～沖縄
生育地	道端、耕作地、空き地など

名前がアザミでも別のなかま

ふさふさとした花の形はアザミによく似ているが、別のなかま。キツネに化かされているのではないかと思うほど似ているので、名前に「キツネ」がついたという説がある。アザミと違ってとげはない。花は5～6月頃咲き、小さな筒状花《とうじょうか》が集まって、1つの花に見える（頭《とう》花《か》）。がく片のように頭花を包む部分は総苞片《そうほうへん》とよばれ、突起が見られるのが特徴的。葉は羽状に深く切れ込んでいて、裏側には毛が生えて白く見える。果実には枝分かれした綿毛（冠毛《かんもう》）がある。

見てみよう

動物の名前がつく植物

「キツネ」のほかにも、「イヌ」「ウシ」など、動物名がつく植物は多い。「イヌ」は役に立たない、「ウシ」は大きいなどの意味がある。写真はイヌタデ。

ムシトリナデシコ

［虫取り撫子］　別名：ハエトリナデシコ

Silene armeria

分類	ナデシコ科ナデシコ属
生活	一年草、越年草
草丈	30～60cm
花期	5～6月
分布	ヨーロッパ原産
生育地	道端、草地、海岸沿いなど

ベタベタした茎に虫がくっつく

観賞用として、江戸時代に日本に入ってきたものが野生化した帰化植物。濃いピンク色の花が、傘のように集まってつく。全体がやや白っぽく、楕円形の葉が茎に向かい合ってつく。茎の節の下に茶色く見える部分があり、ここからベタベタした液が出て虫がくっつくが、食虫植物のように捕まえた虫を栄養分として吸収しているわけではない。花粉を運ばず蜜だけを取っていくアリなどの昆虫が、花にのぼって来られないようにするためだといわれる。

触ってみよう

ベタベタする茎

ムシトリナデシコの茎の茶色くなった部分からは粘液が分泌されているため、指で挟むようにして触れると、ベタベタとした感触がある。

1
2
3
4
5
6
7
8
9
10
11
12

ヒルザキツキミソウ

［昼咲月見草］

Oenothera speciosa

分類	アカバナ科マツヨイグサ属
生活	多年草
草丈	30～60cm
花期	5～7月
分布	北アメリカ原産
生育地	道端、空き地など

マツヨイグサに似て、淡いピンク色が優しい印象

近年増えている帰化植物で、観賞用に栽培されていたものが野生化した。地面を這うように根《こん》茎《けい》がのび、たくさんの茎が出て群生する。茎には白い毛が生えている。花弁は4枚で、花の中心部が黄色く、雌しべの先は十字形。ツキミソウのなかまだが、名前のとおり日中咲き続ける。葉は細長く、ふちには浅いぎざぎざがある。

ユウゲショウ

［夕化粧］　別名：アカバナユウゲショウ

Oenothera rosea

分類	アカバナ科マツヨイグサ属
生活	多年草
草丈	20～60cm
花期	5～9月
分布	南アメリカ原産
生育地	道端、空き地など

小さなマツヨイグサのなかま

「夕《ゆう》化《げ》粧《しょう》」の名があるが、夕方以外に咲いていることも。観賞用に栽培されていたものが野生化した。主に関東以西で見られ、市街地の道端などで見かけることも多い。花は直径1cm前後と、ほかのマツヨイグサのなかまよりも小さめだが、花の中心部の十字形の雌しべが目立つ。葉は長さ3～5cmほどで、波状の浅いぎざぎざがある。

ネジバナ

［捩花］ 別名：モジズリ

Spiranthes sinensis

分類	ラン科ネジバナ属
生活	多年草
草丈	10～40cm
花期	5～8月
分布	全国
生育地	空き地、芝地など

小さいけれど、よく見ると可憐なランの花

「捩《ねじ》花《ばな》」という名前のとおり、細い花《か》茎《けい》にぐるぐるとらせんを描いて小さな花がねじれたようにつき、個性的な姿。巻き方は左巻きと右巻きの両方があり、あまり巻いていないものもあるなど、個体差がある。一つひとつの花をよく見ると、カトレアに似た、ランのなかまらしい形をしている。花はピンク色だが、真ん中の花《か》被《ひ》（唇《しん》弁《べん》）だけは白く、フリルのようなぎざぎざがある。葉は細長く、先がとがっている。白花もあり、山野草として栽培されることもある。

見てみよう

なぜねじれる？

花がねじれてつく理由は、片側だけに偏ってつくと、花のバランスが取れないからともいわれるが、片側だけに花がつくものもあるため、理由ははっきりしない。

アメリカフウロ

Geranium carolinianum

分類	フウロソウ科フウロソウ属
生活	一年草
草丈	40cm
花期	5~9月
分布	北アメリカ原産
生育地	道端、草地など

ゲンノショウコを小さくしたような花

ゲンノショウコ(p.222)によく似た、花弁5枚の花を咲かせる。昭和初期に確認された北アメリカ原産の帰化植物で、現在は主に東京以南の西日本で、野生化したものが見られる。道端や花壇のすみなど、身近な場所に生えている。茎は根元でよく枝分かれし、茎や葉のふちが赤みがかっていることが多い。葉は根元まで深く5〜7つに裂け、さらに細かく切れ込む。花は直径5mmほどと小さめで、淡いピンクのものから白いものまで変異がある。

見てみよう 草紅葉《くさもみじ》

落葉樹だけでなく、草でも秋になると紅葉することがある。これを草紅葉とよぶ。アメリカフウロの葉も秋になると赤く色づく様子が見られることが多い。

バーベナ

別名：ビジョザクラ

Verbena

分類	クマツヅラ科バーベナ属
生活	多年草
樹高	20～150cm
花期	5～10月
分布	南北アメリカ、ヨーロッパ、アジア原産
生育地	庭、公園など

輪になって咲く花は、小さな冠のよう

小さなサクラのような花が、丸く集まってつく姿が特徴的。バーベナ属の園芸植物の総称で、主に南北アメリカの熱帯から亜熱帯が原産。一年草として栽培されるタイプと、多年草（宿根《しゅっこん》草《そう》）タイプがある。一年草タイプで「ビジョザクラ」ともよばれるヒブリダ種には多くの品種があり、花色も赤やピンク、紫、青、白などさまざま。多年草タイプには、茎が地面を這うようにのびるものや、花が穂状につくものなど、いろいろな種類がある。丈夫で花期も長い。

近縁種

クマツヅラ

日本に自生する、バーベナのなかま。道端などで見られる。花は淡い紫色で細長く連なり、下の方から咲く。バーベナと比べると、控えめな印象。

インパチェンス

別名：アフリカホウセンカ

Impatiens walleriana

分類	ツリフネソウ科ツリフネソウ属
生活	一年草、多年草
草丈	15~40cm
花期	5~10月
分布	熱帯アフリカ原産
生育地	庭、公園、道路沿いなど

平たく開く花は長い期間楽しめる

ホウセンカと同属の植物で、アフリカ原産であることから「アフリカホウセンカ」ともよばれる。小さな葉が茂り、ぺたっと平たく開く花がたくさん咲く。初夏から秋までの長い間、次々に咲き続けること、日当たりがあまり良くない建物の陰などでも育つことから、街中の花壇や歩道脇のコンテナなどにもよく植えられている。ピンクや赤一色の一重咲きの園芸品種をよく見かけるほか、バラのような花形の八重咲きや、花弁に模様が入るものなども人気がある。

近縁種

ニューギニア インパチェンス

ニューギニア産の原種から生み出された園芸品種の総称。葉も花も大きく、花の直径が7cm以上になる。葉は長めで、黄色の斑が入るものもある。

タチアオイ

別名：ホリホック

Alcea rosea

分類	アオイ科タチアオイ属
生活	多年草、越年草
草丈	60〜200cm
花期	6・8月
分布	地中海沿岸、アジア原産
生育地	公園、庭など

すっくとまっすぐ立つ茎に、大きな花が並ぶ

まっすぐ高くのびる茎に、ハイビスカスのような大きな花が横向きに並んでつき、夏の花壇で目立つ存在。地中海沿岸地域原産だが、日本には中国から渡来し、古くから園芸植物として栽培されていた。多くの園芸品種があり、花色も白やピンク、赤、黄などさまざまで、八重咲きもある。茎や葉など全体に毛がある。葉は大きく、5〜7つに切れ込み、長い柄がある。大きく生長し、高さは3mに達することもある。英名のHollyhock（ホリホック）でよばれることも多い。

触ってみよう

コケコッコ花

花弁の付け根を少し開くと、ねばねばしている。これを顔などにつけて、ニワトリの真似をして遊べることから、「コケコッコ花」とよばれる。

ブーゲンビレア

別名：イカダカズラ
Bougainvillea

分類	オシロイバナ科ブーゲンビレア属
生活	常緑樹
樹高	0.5~3m
花期	6~10月
分布	南アメリカ原産
生育地	庭、公園など

南国の雰囲気たっぷり、個性的な花形

南国の日差しが似合う、明るい雰囲気の花。ブーゲンビレアのなかまには14種があり、園芸品種も多い。花弁に見える部分は苞《ほう》で、本来の花はその中にある、小さなラッパのような部分。このラッパはがくで、花弁はない。つる性の樹木で、温室や屋外の日当たりの良い所でよく育つ。花の色はピンクのほか、赤やオレンジ、白などで、八重咲きや、葉に斑《ふ》が入るものなどもある。枝にとげができるが、これは花芽ができなかったときに、花《か》柄《へい》が変化したもの。

生き物とのつながり

花粉を運ぶのは？

花にはアゲハのなかまなどが訪れるが、花粉を媒介するのは、ガのオオスカシバだという。写真はナガサキアゲハのメス。

コヒルガオ

［小昼顔］

Calystegia hederacea

分類	ヒルガオ科ヒルガオ属
生活	多年草
草丈	つる性
花期	6~8月
分布	本州~九州
生育地	道端、草地など

よく似たヒルガオとは、花柄《かへい》のひれで区別

夏、アサガオによく似た淡いピンク色の花をつけたつるが、フェンスや植え込みなどに絡みつき、生い茂る様子が見られる。花の直径は3～4cmほど。葉はキツネの顔のような形。付け根の両側が耳のように張り出し、さらに張り出した部分に切れ込みがあることが多い。花の下の花柄に、縮れたひれのような「翼《よく》」があるのも特徴。普通果実をつくらず、地下茎《ちかけい》をのばして増え広がる。アサガオと異なり、昼まで咲いていることが「ヒルガオ」の名の由来。

近縁種

ヒルガオ

コヒルガオより一回り花が大きく、直径は5cmほど。葉の付け根の張り出した部分は切れ込まず、また花柄《かへい》の翼がないことで見分けられる。

スイレン

［水蓮］

Nymphaea

分類	スイレン科スイレン属
生活	多年草
草丈	水生植物
花期	6〜9月
分布	熱帯、温帯原産
生育地	池、水槽、水鉢など

水に浮かぶように咲く姿が幻想的

池の底の泥の中に地下茎《ちかけい》がのび、そこから長い花茎《かけい》をのばし、水面に顔を出すように花を咲かせる水生植物。葉も地下茎から葉柄《ようへい》をのばして、丸い葉身《ようしん》が水面に張り付くように見える。原産地の違いで、寒さに弱い熱帯スイレンと、寒さに強い温帯スイレンに分けられる。熱帯スイレンには昼咲きと夜咲きの種があるが、いずれも寒い時期は温室などに入れる必要がある。温帯スイレンは昼咲きのみで、公園の池などでも栽培されている。多くの園芸品種がある。

関連種

ヒツジグサ

北海道から九州に自生する、スイレンのなかま。花は白く、花弁は8〜17枚ほど。未の刻（午前2時ごろ）に開花することから命名された。

ハス

［蓮］　別名：ハチス

Nelumbo nucifera

分類	ハス科ハス属
生活	多年草
草丈	水生植物
花期	7~8月
分布	熱帯~温帯アジア、オーストラリア原産
生育地	池など

大きな花が朝、静かに咲く姿は神秘的

極楽に咲く花とされたり、如来像《にょらいぞう》の台座に蓮華座《れんげざ》が見られたりと、仏教との結びつきが強い花。池の底の泥の中にある太い地下茎《ちかけい》が、レンコン（蓮根）である。そこから花茎《かけい》と葉柄《ようへい》をのばし、水面に花と葉が顔を出す。本種には食用と観賞用とがあり、観賞用のハスのレンコンは、食用には向かない。多くの園芸品種があるほか、近縁種に花が黄色のキバナハスがある。テーブルのような花床《かしょう》の穴から雌しべが出ていて、果実が熟すとハチの巣のような姿になる。

見てみよう

咲くとき「ポン」という？

ハスは朝7時前後から咲き始め、昼過ぎには閉じる。これを3日ほど繰り返した後散る。咲くときに「ポン」と鳴るという話があるが俗説のようだ。

エラチオール・ベゴニア

別名：リーガース・ベゴニア

Begonia × hiemalis

分類	シュウカイドウ科ベゴニア属
生活	多年草
草丈	15～40cm
花期	通年
分布	園芸種
生育地	鉢植えなど

花の美しい「花ベゴニア」の代表格

「ベゴニア」というとベゴニア・センパフローレンス（p.95）がなじみ深いが、このエラチオール・ベゴニアは八重咲きなど美しい花の形や、花色の豊富さで人気。ソコトラナ種と球根ベゴニアを掛け合わせて生み出され、たくさんの園芸品種がある。寒さや暑さに弱く、気候の厳しい時期は鉢植えで室内栽培されるが、夏は外の明るい日陰に置いて育てられる。「リーガース・ベゴニア」ともよばれるが、これはエラチオール・ベゴニアの一種の名前。

1
2
3
4
5
6
7
8
9
10
11
12

見てみよう

ポロポロと花が落ちる？

エラチオール・ベゴニアの花はポロポロと落ちやすい。特に鉢植えを購入した直後など、環境が変わったときに、このような現象が起きやすい。

キョウチクトウ

［夾竹桃］

Nerium oleander var. indicum

分類	キョウチクトウ科キョウチクトウ属
生活	常緑樹
樹高	3～4m
花期	6～9月
分布	インド原産
生育地	公園、街路樹など

車道沿いなどで悪環境に負けず育つ

大気汚染に強く、排気ガスの多い幹線道路沿いによく植えられるほか、広島の原爆投下後にいち早く開花したとして、広島市の「市の花」に指定されている。公園、学校など身近な場所でもよく見られるが、枝や葉など全体に強い毒性があるので、注意が必要。よく枝分かれして茂り、細長く厚い葉をつける。花はキョウチクトウのなかまに特有の、風車のような形で、花弁は5つに裂ける。花の色は淡いピンクや紅、白などがあり、八重咲きの品種もある。

見てみよう

風でふわふわ飛ぶ種子

キョウチクトウの果実は細長く、熟すと2つに割れて、中から毛が生えた種子が出てくる。この毛で風に乗りやすくなっており、より遠くへ運ばれる。

トレニア

別名：ハナウリクサ、ナツスミレ

Torenia fournieri

分類	アゼナ科トレニア属
生活	一年草
草丈	20～30cm
花期	6～9月
分布	アジア、アフリカ原産
生育地	庭、公園など

唇《しん》形《けい》の小さく可愛い花が次々に咲く

筒状の花弁の先が唇形になり、黄色の模様がぽっちりと入った可愛らしい花の形は、この植物ならではのもの。たくさんの花が次々に咲き、よく生長し育てやすい。筒状の大きな筋張ったがくが目立つ。葉は茎に向かい合ってつく。花色はピンクや紫、白などで、花弁のふちと内側で色の濃淡の差がある園芸品種が多く、さわやかな印象。鉢植えで吊り鉢などで育てられるほか、花壇など屋外に植えて栽培されることも多い。寒さに弱く、冬には枯れてしまう。

見てみよう

トレニアの和名

トレニアは同じアゼナ科のウリクサ（写真）に花が似ているため、ハナウリクサという和名でもよばれる。また、花の雰囲気がスミレと似ているため、ナツスミレという別名も。

ブッドレア

別名：フサフジウツギ

Buddleja davidii

分類	ゴマノハグサ科フジウツギ属
生活	落葉樹
樹高	2～3m
花期	6～10月
分布	中国原産
生育地	庭、公園など

蜜が豊富で、チョウたちに大人気

たくさんの小さな花が集まって長い穂になり、横向きにやや垂れ下がるようにつく。花には甘い香りがあり、蜜が豊富なため、いろいろなチョウがさかんに吸蜜に訪れる。このため英名ではButterfly Bush（チョウの低木）とよばれる。花は筒形で花弁が4つに裂けている。葉の裏面には毛が生えて白っぽく、やわらかい。ブッドレア属には100種以上の植物があるが、なかでもこのダヴィディー種が多く栽培され、数多くの園芸品種がある。

生き物とのつながり

チョウをよぶ花

ブッドレアはチョウに好まれる植物で、多くの種類のチョウが吸蜜に訪れるため、チョウを観察するためにブッドレアを植栽する人もいる。

ボタンクサギ

［牡丹臭木］　別名：ベニバナクサギ、タマクサギ
Clerodendrum bungei

分類	シソ科クサギ属
生活	落葉樹
樹高	1〜2.5m
花期	7〜8月
分布	中国原産
生育地	庭、公園など

枝や葉に独特のにおいがある

ピンク色の筒状の小さな花がたくさん、半球形に集まって枝先につく。中国原産で、観賞用に庭などで栽培されるほか、野生化したものも見られる。花冠《かかん》の先は5つに裂け、雄しべが長く突き出して目立つ。葉は丸みがあって茎に向かい合って付き、長さ8〜20cmほどと大きめで、ふちにぎざぎざがある。この葉をもんだり指でこすったりすると、なかまのクサギによく似た、独特の青臭いようなにおいがすることから、原産地の中国でも「臭牡丹《くさぼたん》」とよばれる。

生き物とのつながり

アゲハチョウが吸蜜

ボタンクサギの小さな花の一つひとつは、付け根が2.7cmほどもある長い筒状になっている。長い口吻《こうふん》をもつアゲハチョウのなかまが、よく訪れて吸蜜する。

ミソハギ

［禊萩］　別名：ボンバナ

Lythrum anceps

分類	ミソハギ科ミソハギ属
生活	多年草
草丈	50~100cm
花期	7~9月
分布	北海道~九州
生育地	湿地、川べり、田のあぜなど

お盆に使われるため盆花の別名も

湿地や川の近くなど湿った所に自生するほか、栽培もされる。まっすぐ立つ茎に、小さなピンク色の花が穂になってつく。その下に小さな葉が十字形に向かい合って、段になってつく。花弁は4～6枚ある。お盆に祖先の霊を迎えるために、この花の穂を水に浸して、その水をまいて清めるという風習があるため、「盆《ぼん》花《ばな》」という別名もある。近縁種にエゾミソハギがあり、こちらは茎や葉などに毛が生えていることや、葉が茎を抱くようにつくことが特徴。

見てみよう

3種類の雌しべ

雌しべが長いもの（右上写真）、中間、短いもの（左下写真）の3タイプあり、雄しべと雌しべが違う長さの組み合わせとなり、自家受粉を避ける仕組みになっている。

サルスベリ

［猿滑］　別名：ヒャクジツコウ

Lagerstroemia indica

分類	ミソハギ科サルスベリ属
生活	落葉樹
樹高	3~9m
花期	7~9月
分布	中国原産
生育地	庭、公園、街路樹など

サルも木から落ちるほど、すべすべした樹皮

夏に、枝先にピンク色の花弁が縮れたような花が、多数集まってつく。花の構造を見ると、花弁の付け根部分が細く、先端は丸くしわになっていて、1つの花に6枚の花弁がついている。葉は丸みがあり、3～8cmほど。花が終わった後には小さな球形の果実ができる。樹皮はなめらかですべすべした触感で、サルであっても登ると滑り落ちそうだということから、名前が付けられた。花が長い間咲くことから、「ヒャクジツコウ（百日紅）」という別名もある。

近縁種

シマサルスベリ

九州の種子島や屋久島、奄美大島、沖縄など亜熱帯地域に自生するサルスベリのなかまで、白い花を咲かせる。公園や庭などに植えられ栽培もされている。

ハナトラノオ

［花虎の尾］　別名：カクトラノオ

Physostegia virginiana

分類	シソ科カクトラノオ属
生活	多年草
草丈	40~100cm
花期	8~9月
分布	北アメリカ原産
生育地	庭、公園、道端など

トラの尾のような花穂がまっすぐのびる

夏から秋にかけて咲く花で、ピンクや白の筒形の花が、穂になってびっしりとつく。庭や公園などでよく栽培されているほか、丈夫で強い性質のため、野生化していることもある。地《ち》下《か》茎《けい》をのばして増える。シソのなかまの特徴で、茎が角ばっていて、花は茎の4方向に、列になるようにきれいに並んでつき、整然とした印象がある。葉は茎に向かい合ってつき、上下でつく角度が90度ずつずれて交互になっている。長い花《か》穂《すい》をトラの尾に見立てたのが名前の由来。

見てみよう

「トラノオ」と名のつく植物

トラノオと名のつく植物にはほかに、サクラソウ科のオカトラノオ（写真）、ヌマトラノオ、オオバコ科のヤマトラノオなどがある。どれも長い花穂が共通している。

フヨウ

［芙蓉］
Hibiscus mutabilis

分類	アオイ科フヨウ属
生活	落葉樹
樹高	1~4m
花期	7~10月
分布	四国~沖縄
生育地	海岸沿い、庭、公園など

全体がふわふわした、やさしい雰囲気

花弁が5枚で大輪の、ピンク色の花を夏に咲かせる低木。花は一日でしぼんでしまう一日花。日本には中国から渡来したといわれ、暖かい地域には野生で生えているが、園芸植物として公園や庭のほか、大気汚染に強いので道路沿いにも植えられている。葉やつぼみなど、全体に白い毛がたくさん生えていて、触るとふわふわとした感触がある。葉は直径10〜20cmほどと大きく、浅い切れ込みが3〜7つ入る。果実は熟すと割れて、中から綿毛のある種子が出てくる。

近縁種

スイフヨウ

八重咲きの園芸品種で、花が開花直後は白、その後ピンク、紅へと色が変わっていく。この花色の変化を、酔った人の顔が赤くなることになぞらえて「酔《すい》芙《ふ》蓉《よう》」の名がある。

ムクゲ

[木槿]
Hibiscus syriacus

分類	アオイ科フヨウ属
生活	落葉樹
樹高	3~4m
花期	7~10月
分布	中国原産
生育地	庭、公園など

韓国の国花になっている夏の花

夏、花弁5枚の花を枝にたくさん咲かせる。幹の下の方からよく枝分かれし、まっすぐ上にのびる。公園や庭などに植えられるほか、生け垣にも利用される。花色は普通ピンクだが、白や紫などもあり、花の中心部分が濃い赤になっているものが多い。一日でしぼむ一日花だが、夏の間、次々に花を咲かせる。半八重咲き、八重咲きなどたくさんの園芸品種がある。葉は3つに切れ込み、ふちにぎざぎざがある。樹皮や花は、薬として利用される。

見てみよう

毛が生えた種子

ムクゲの果実は熟すと5つに裂け、中から出てくる種子には、ふちに沿って毛が生えている。この毛で風に乗って遠くまで運ばれる。種子に生える毛を「種髪《しゅはつ》」という。

1 2 3 4 5 6 7 8 9 10 11 12

オシロイバナ

［白粉花］
Mirabilis jalapa

分類	オシロイバナ科オシロイバナ属
生活	多年草
草丈	100cm
花期	7~10月
分布	熱帯アメリカ原産
生育地	庭、道端など

英語名は「4時」、夕方から咲き、朝には閉じる花

夕方から咲くため、英名はFour-o'clock（4時）。もともと観賞用の園芸植物だが、野生化して道端などに生えることも多く、よく枝分かれして大きな株になる。花はラッパのような形で、根元は細長い筒状。花弁に見えるものはがく、がくに見えるものは苞《ほう》で、花弁はない。花色はピンクや黄、白などで、1つの株に2つの色の花がついたり、1つの花が2色になることもある。夜にふんわりと花の香りを漂わせ、口《こう》吻《ふん》の長いスズメガのなかまが蜜を吸いに来る。

やってみよう

種子のおしろい

黒い種子は爪を立てて手で割ることができる。中に白い粉（胚乳）が入っていて、昔は子どもがおしろい遊びなどに用いた。

ハゼラン

［爆蘭］別名：サンジカ、ハナビグサ、ホシノシズク、エドノハナビ

Talinum paniculatum

分類	ハゼラン科ハゼラン属
生活	一年草
草丈	80cm
花期	7~10月
分布	西インド諸島原産
生育地	庭、道端など

小さな丸いつぼみが、パチパチはぜる花火のよう

明治時代に入ってきて観賞用に育てられていたものが野生化し、道端のアスファルトのすき間などから生える姿が見られる。花はピンク色で小さく、5枚の花弁が星のように見える。また小さな球形のつぼみが多数茎につく姿を、花火がパチパチと爆《は》ぜる様子に見立て、「ハゼラン」と名付けられた。「ハナビグサ」という別名があり、夕方の3時ごろから花が咲くことから「三時花《さんじか》」という別名もある。葉は茎の下の方に集まってつき、茎や葉に毛はない。

見てみよう

たくさんの別名

ハゼランはその特徴的な姿から、ほかにもたくさんの別名があり、「星のしずく」、「江戸の花火」などの名前でもよばれる。英名は「Coral Flower（珊瑚花）」。

1
2
3
4
5
6
7
8
9
10
11
12

コスモス

［秋桜］　別名：アキザクラ

Cosmos bipinnatus

分類	キク科コスモス属
生活	一年草
草丈	50~120cm
花期	6~11月
分布	メキシコ原産
生育地	庭、公園など

秋桜の別名があるが、夏から咲くものが主流に

秋の花として親しまれ、公園や観光地などで一面の「コスモス畑」が見られる場所も多い。本来は夜の時間が一定以上長くなると咲く短日植物のため、以前は秋咲きが普通だったが、近年は夏から咲く早咲き品種が主流。色はピンクや白、紫のほか、花弁にふち取りがあるものもある。魚の骨のように枝分かれした細い葉が特徴的。丈夫で、やせた土地でもよく育つ。名前はギリシャ語の「kosmos（秩序）」が由来で、花弁が美しく並ぶ様子から名付けられたとされる。

関連種

キバナコスモス

夏に、黄色やオレンジ色、または朱色の花が咲く。花の形はコスモスと似ているが別種。葉はコスモスと比べ、切れ込みの裂片《れっぺん》が幅広い。八重咲き品種がよく栽培される。

宿《しゅっ》根《こん》アスター

Aster

分類	キク科シオン属
生活	多年草
草丈	30~180cm
花期	7~10月
分布	北アメリカ原産
生育地	庭、公園など

小さなキクのような花があふれんばかりに咲く

シオン属（アスター属）の多年草のなかで、鉢植えや花壇、切り花などで栽培される種をまとめて「宿根アスター」とよぶ。ミケルマスデージーや、クジャクアスターなどが含まれるほか、日本国内に野生で生えるシオンなどもこの属のなかま。ちなみに「アスター」とよばれる園芸植物もあるが、これは別属（カリステフ属）の植物の一種で、区別される。素朴で小さな花がたくさん咲く種が多く、草丈は低いものから1mを超えるものまでさまざま。

関連種

シオン

シオン属のなかまで、中国地方や九州に自生する植物だが、栽培されたものを目にすることが多い。高さは1～2mで、枝分かれした茎の先に、たくさんの淡紫色の花が咲く。

キンギョソウ

［金魚草］

Antirrhinum majus

分類	オオバコ科キンギョソウ属
生活	一年草
草丈	20～120cm
花期	4～7月、9～10月
分布	地中海沿岸地方原産
生育地	庭、公園など

日本人には金魚、イギリス人には竜に見えた？

花の形が金魚に似ていることが名前の由来。筒状の花冠《かかん》の先が唇形《しんけい》に上下に開き、そのひらひらした形が金魚の尾びれのように見える。英名はSnap-dragon（かみつく竜）で、これも花の形が由来となっている。花は穂になってつき、細長い葉が茎につく。草丈が高いもの、低いもの、その中間くらいのものがあり、花壇やプランターなどでよく栽培される。八重咲きや、上向きに開花するものなど、金魚の形ではない園芸品種もある。

関連種

リナリア

花の形がキンギョソウに似ているが、全体にややほっそりとした印象。リナリア属（ウンラン属）のなかにはヒメキンギョソウとよばれる植物があるが、違う属のなかま。

ナデシコ（セキチク）

［撫子］
Dianthus chinensis

分類	ナデシコ科ナデシコ属
生活	多年草
草丈	30cm
花期	4～7月、9～10月
分布	中国原産
生育地	庭、公園など

ギザギザの花弁がチャームポイント

ナデシコ属には300種ほどの植物があり、ナデシコ属の園芸植物はまとめて、「ダイアンサス」ともよばれる。このセキチクのほかビジョナデシコ（ヒゲナデシコ）などがよく栽培され、交配種を含め多くの園芸品種がある。5枚の花弁のふちが、細かくぎざぎざと切れ込み、葉もすっと細く、繊細な雰囲気。丈夫で、花壇や屋外のコンテナなどによく植えられている。花の色はピンク系統や赤が多く、花弁にふち取り模様（覆輪《ふくりん》）や輪のような模様があるものもある。

関連種

カワラナデシコ

日本女性の美称「大和撫子《やまとなでしこ》」はこの花のこと。草丈は30～80cmほどで、淡いピンク色の花弁は先が細長く切れ込んでいる。山野、川原などに自生している。

コルチカム

別名：イヌサフラン
Colchicum

分類	イヌサフラン科コルチカム属
生活	多年草
草丈	5~30cm
花期	10月
分布	ヨーロッパ、北アフリカ、西~中央アジア原産
生育地	庭など

土からひょっこり顔を出し咲く秋の花

地表近くで花を咲かせる姿はクロッカス（p.33）に似ているが、なかまではない。サフランやクロッカスは雄しべが3本、コルチカムは6本という点で区別できる。コルチカムのなかまは60種ほどあり、秋咲きの種が主だが、春咲きの種もある。地下の球根（球《きゅう》茎《けい》）から直接、花が土の上に顔を出す。秋咲きのものは花の時期に葉がなく、翌春葉がのびる。球根を土に植えず、部屋の中に置いておくだけでも発芽する。毒性が強く、誤食による死亡例も多いので注意。

注意しよう

春の芽に注意

葉がギョウジャニンニク（写真）に似ているので、誤食による死亡例が多い。ギョウジャニンニクの葉にはニンニク臭があるが、コルチカムにはない。

シュウメイギク

［秋明菊］　別名：キブネギク

Anemone hupehensis var. japonica

分類	キンポウゲ科イチリンソウ属
生活	多年草
草丈	30～150cm
花期	9～10月
分布	中国原産
生育地	林、庭、公園など

ジャパニーズアネモネの名があるが、中国原産

名前に「キク」とつくが、アネモネ(p.94)のなかま。国内では本州～九州の林のふちなどに自生しているが、古い時代に中国から渡来したものと考えられている。もともとの花は八重咲きで、ピンク色の花弁のように見えるがく片が多数あり、キクに似た雰囲気がある。現在は、白花で一重咲きの種もよく栽培されている。そのほか、多くの園芸品種がある。地《ち》下《か》茎《けい》が長くのび、根元には3枚に分かれた、ぎざぎざのある葉がつく。全体に白い毛がある。

見てみよう

原種はキクに似ている

シュウメイギクの原種は野生化しているものが国内でも見られる。ピンク色の花弁が多数あり、キクのなかまのように見える。

エリカ（ジャノメエリカ）

Erica canaliculata

分類	ツツジ科エリカ属
生活	常緑樹
樹高	200cm
花期	11〜4月
分布	南アフリカ原産
生育地	庭、公園など

細く短い葉がびっしりと枝につく

針葉樹のように、細く短い葉が枝に密につく姿が特徴的。エリカ属の園芸植物には、主に南アフリカ原産のものとヨーロッパ産のものがあり、ピンク色の小さなつぼ形の花が咲くのが、南アフリカ産のジャノメエリカで、よく植えられている。ほかに、長い筒形の花が枝先に集まるアケボノエリカや、白花のスズランエリカなど、多くの種類がある。庭などに植えられ、枝が株立ちになって茂るものや、木立ち状に大きく育つものがある。また鉢植えでも栽培される。

近縁種

カルーナ

エリカに近いが、別属の植物。枝を覆うように小さな花が並んでつき、長い花《か》穂《すい》に見える。花弁は小さく、がくが色づいて、花弁のように見える。

ストック

別名：アラセイトウ

Matthiola incana

分類	アブラナ科アラセイトウ属
生活	一年草、多年草
草丈	20～80cm
花期	11～4月
分布	南ヨーロッパ原産
生育地	庭、公園など

アブラナのなかまで、寒い時期から爽やかに咲く

茎の先にたくさんの花が集まってつき、さわやかな色合いが春らしい。寒い冬のうちから、花壇や街中のコンテナなどで栽培されているのが見られる。本来は多年草だが、秋に種子をまき、主に春に花を楽しむ一年草として栽培されている。よく枝分かれするタイプと、まっすぐのびるタイプがあり、花は八重咲きと一重咲きの品種がある。花壇やコンテナでは、草丈が低く育つ園芸品種が主に栽培されている。茎や葉など全体に灰色の毛が生えている。

かいでみよう

春のすがすがしい香り

花はハーブのような、さわやかな春らしい香りがする。香辛料のクローブのようにスパイシーな香りが含まれているようにも感じられる。

パンジー

Viola × wittrockiana

分類	スミレ科スミレ属
生活	一年草
草丈	10～30cm
花期	10～5月
分布	ヨーロッパ原産
生育地	庭、公園など

色とりどりの顔は冬花壇の主役

本来は昼が長くなってから咲く、春咲きの花だが、秋から花を楽しめる品種が増え、丈夫で育てやすく、今や冬の花壇で主役をはる存在となっている。また春にはチューリップなど、ほかの花と混植されて彩りを添える。スミレのなかまで、1つの花で花弁の色が多色になるものや、ふちどり模様があるもの、花弁がフリルのように波打つものなど、バラエティ豊かな、数多くの園芸品種がある。また、花の中央付近に黒い模様があるものが多く、顔のようにも見える。

近縁種

ビオラ

花の直径が5cm以上になるものがパンジー、それ以下のものがビオラとされるが、今では品種改良が進んで、小輪のパンジーなども売り出され、区別が難しくなっている。

オオアラセイトウ

［大紫羅欄花］別名：ショカツサイ、ムラサキハナナ、ハナダイコン

Orychophragmus violaceus

分類	アブラナ科オオアラセイトウ属
生活	越年草
草丈	30~80cm
花期	3~5月
分布	中国原産
生育地	道端、空き地など

春に紫の花畑をつくる帰化植物

道端や線路沿い、堤防などに群生して、一面紫色となった光景を目にすることも。観賞用に導入されたものが野生化した帰化植物。明るい淡紫色の花弁が4枚ある。茎の根元につく葉は、羽のように切れ込んでいるが、茎の上部につく葉は長い楕円形で、ふちにぎざぎざがある。「ムラサキハナナ」、「ショカツサイ」、「ハナダイコン」などの別名でよばれることも多いが、ハナダイコンの名は、ハナダイコン属の別の園芸植物を指すこともあるので注意。

生き物とのつながり

花にくる虫

ツマキチョウ（写真）やスジグロシロチョウの幼虫は、オオアラセイトウの葉を食べて育つ。この草が増えたことで、チョウの個体数も増えているという。

ムスカリ

Muscari

分類	キジカクシ科ムスカリ属
生活	多年草
草丈	10～30cm
花期	3～4月
分布	地中海沿岸地方、西アジア原産
生育地	庭、公園など

花壇でほかの花を引き立てる名脇役

草丈が低く、小さな釣鐘のような花が茎の上の方にびっしりとつく姿は独特。主役の華やかさには欠けるが、ほかの植物と一緒に植えられると、花壇や寄せ植えなどに彩りを添える。秋に球根を植えて、春に開花する。葉は細く根元から出る。ムスカリのなかまには4～50種ほどがあり、ボトリオイデス種、アルメニアカム種などがよく栽培される。花が羽毛のようになるものなど、いろいろな園芸品種がある。香りが強い種と、あまり香りがしない種がある。

かいでみよう

香りが良いかは種による

ムスカリの名は、ギリシャ語の「麝香《じゃこう》」を意味する言葉が由来。香りが良いため、この名前がつけられたが、種によってはあまり香りがしないものも。

ヤハズエンドウ（カラスノエンドウ）

［矢筈豌豆］

Vicia sativa

分類	マメ科ソラマメ属
生活	越年草
樹高	40~100cm
花期	3~6月
分布	本州~沖縄
生育地	道端、草地、畑など

道端で普通にみられるマメのなかま

カラスノエンドウとよばれることが多く、その由来は果実（マメ）がカラスの羽の色のように、黒く熟すからといわれる。春早くから、道端や野原、公園のすみなどあちこちで見られる身近な花。茎はやわらかくつる状になり、葉は8～16個の小葉《しょうよう》が羽のように集まってつく。花は赤紫色でチョウのような形。果実の長さは3～5cmほど。若い茎や葉、果実は天ぷらやおひたし、炒めものなどで食べられるが、アブラムシなどがついているのでよく洗って火を通そう。

近縁種

スズメノエンドウ

名前の「スズメ」は、カラスノエンドウと比べて全体に小さいことから。花色は淡い白紫。果実（マメ）は長さ0.6～1cmで中の種子は2個。

ツルニチニチソウ

［ 蔓日々草 ］

Vinca major

分類	キョウチクトウ科ツルニチニチソウ属
生活	常緑樹、多年草
草丈	つる性
花期	3〜6月
分布	ヨーロッパ、北アフリカ原産
生育地	庭、道端、草地など

紫の花をつけてどんどん広がるつる

地面を這うようにのび、つやのある葉が茎に向かい合ってつく。花は、花弁が5つに裂け、風車のように左右非対称な形が特徴。葉に白い斑が入る種類もある。常緑性で、冬でも緑の葉が楽しめるので、庭のグラウンドカバーに利用されるほか、プランターや釣り鉢などでも栽培される。つるがどんどんのび、旺盛に生長するので、野生化して帰化植物となり、道端や空き地ではびこっていることがある。近縁種のヒメツルニチニチソウも、よく栽培される。

見てみよう

風車のような花

キョウチクトウ科のなかまの花は、風車やスクリューのように、左右非対称でややねじれたような形になっているものが多い。

シラー

Scilla

分類	キジカクシ科ツルボ属
生活	多年草
草丈	5~80cm
花期	4~5月
分布	ヨーロッパ、アフリカ、アジア原産
生育地	庭など

小さな花が集まって咲く可愛らしい姿

小さな星形の花や、鐘形の花が花茎《かけい》の先に集まって咲き、葉は細長い。花壇やコンテナなどによく植えられている球根植物。ツルボ属（シラー属）の植物には100種以上があり、そのなかで、大きく見ごたえのあるペルビアナ種、小さく育つシベリカ種など、いくつかの種が栽培され、園芸品種もある。釣鐘形の花を咲かせるカンパニュラタ（ツリガネズイセン）という種も人気があったが、近年別の属（ツリガネズイセン属）に分類されるようになった。

近縁種

ツルボ

全国に自生し、林のふちや草地などに生える。細長い花茎の先に淡紫色の花が集まる。葉は根元に2枚付くが、花期には葉が見られないこともある。

タチツボスミレ

［立坪菫］

Viola grypoceras var. *grypoceras*

分類	スミレ科スミレ属
生活	多年草
草丈	10〜30cm
花期	4〜5月
分布	全国
生育地	道端、草地、やぶ、低山の林床など

日本のスミレの代表種

全国に分布し、日本のスミレのなかで最も見かける機会が多い種の一つ。特に関東近辺には多い。花色は淡い紫。葉は丸みのあるハート形で、ぎざぎざがある。スミレには地上茎《ちじょうけい》がある（茎が枝分かれして見える）ものとないもの（地面から1本ずつ花茎《かけい》が出る）があり、タチツボスミレは地上茎があるタイプ。また、葉柄《ようへい》の付け根に小さい托葉《たくよう》があり、これが深く切れ込んでいることも特徴。開かずに結実する閉鎖花《へいさか》をつけるのは、スミレに共通の性質。

関連種

アメリカスミレサイシン

北アメリカ原産で、観賞用のものが野生化し、近年分布を広げている帰化植物。花色は紫。ワサビのように太い地下茎《ちかけい》がある。

スミレのなかま

スミレ

細長い葉と、濃い紫の花色が特徴的だが、淡い紫や白の花もある。地上茎はない。北海道～九州に分布し、歩道のわきや草地など、身近な場所で見られる。学名（種小名）の「マンジュリカ」でよばれることもある。

ニョイスミレ

草地や山地のやや湿った所に普通に生えるスミレ。北海道～九州に分布し、高さ5～20cmくらいになる。花色は白で、やや小さめ。地上茎がある。葉はハート形で、裏が紫色がかっている。托葉は細長く、ぎざぎざは深くない。

ノジスミレ

道端や草地などに生え、市街地でも見られる。本州から九州に分布。花の色は青みがかった紫色。葉は細長い形で、少し内側に巻いていることが多い。葉など全体に白い毛が生えている。地上茎はない。

アリアケスミレ

花の色は白、ピンク、紫など変化が多く、それを有明の空に例えて命名された。花は紫色のすじが目立つ。葉は細長い形。水田のそばや川原などやや湿った所に生え、市街地の道端などでも見られる。地上茎はない。

フジ（ノダフジ）

［藤］

Wisteria floribunda

分類	マメ科フジ属
生活	落葉樹
樹高	つる性
花期	4~5月
分布	北海道~九州
生育地	林、庭、公園など

フジのつるは右巻き、ヤマフジは左巻き

山の林などに自生し、つるがほかの木に巻き付いて生長を妨げるため、人工林では切られてしまうことが多いが、庭や公園で園芸植物として棚仕立てで栽培され、なじみ深い植物。チョウの形の花が長い穂になって、垂れ下がってつく。園芸品種も多く、花穂《かすい》が長くなるものや、花の色が白やピンクのもの、八重咲きなどもある。大きな棚で大規模に栽培され、観光名所化している場所もある。近縁種のヤマフジは西日本に分布し、フジとは逆に、つるは左巻き。

生き物とのつながり

クマバチに好まれる花

フジ棚をブーンと飛び回るクマバチは、温厚でそれほど危険なハチではない。クマバチが花にとまると花弁が開き、雄しべが現れ、体に花粉がつく。

セリバヒエンソウ

［芹葉飛燕草］

Delphinium anthriscifolium

分類	キンポウゲ科オオヒエンソウ属
生活	越年草
草丈	15～40cm
花期	4～5月
分布	中国原産
生育地	草地、林など

和風の佇まいだが、中国原産の帰化植物

草地や林の下などに生えることが多い帰化植物で、明治時代に観賞用に渡来したものが野生化した。花をツバメが飛ぶ姿に見立てて「飛燕草《ひえんそう》」と名付けられた。「芹《せり》葉《げ》」は、細かく切れ込む葉の形がセリに似るから。花は茎の先に2～5個くらいつき、紫色の5枚の花弁に見えるものはがく片。花の裏側には長い筒状の「距《きょ》」とよばれる部分がある。キンポウゲ科の植物には毒性のあるものが多いが、このセリバヒエンソウも茎、葉など全体に強い毒がある。

見てみよう

セリバヒエンソウの花のつくり

花弁に見える外側の5枚はがく片で、内側に本来の花弁が2枚ある。デルフィニウム（p.241）のなかまで、花のつくりも似ている。

ミヤコワスレ

［都忘れ］　別名：ミヤマヨメナ

Aster savatieri

分類	キク科シオン属
生活	多年草
草丈	20〜30cm
花期	4〜5月
分布	本州〜九州
生育地	庭など

春に咲く、可憐な野菊風の園芸植物

山地の木陰などに野生で生えるミヤマヨメナの園芸品種を、ミヤコワスレとよぶ。ほかの野菊のなかまは秋に開花するものが多いのに対し、ミヤコワスレは春に開花する。自生種と比べ花の紫色が濃い園芸品種が多いが、野草のような趣を残している。淡紫やピンク、白などの花色もある。葉はぎざぎざの数が少なく、茎に互い違いにつく。江戸時代頃から栽培され、茶花として利用された。多年草のため、一度植えると毎年同じ場所で花を楽しめる。

近縁種

ミヤマヨメナ

本州から九州の山地などに野生で生える植物。ほかの野ギク類と違い、春に開花することが特徴。果実には綿毛（冠毛《かんもう》）がない。

ライラック

別名：ムラサキハシドイ、リラ

Syringa vulgaris

分類	モクセイ科ハシドイ属
生活	落葉樹
樹高	2~5m
花期	4~5月
分布	ヨーロッパ原産
生育地	庭、公園など

ヨーロッパの香りが漂う紫の花

欧米では街路樹に使われ、日本でも庭などに植えられる。涼しい気候を好むため北日本での栽培が多く、札幌市では「市の木」に指定されている。小さな花が、枝の先に円錐形に集まってつく。花は筒形で先端が4つに裂けて、4枚の花弁のように見える。葉はぎざぎざのないハート形で、枝に向かい合って付く。園芸品種もあり、花の色は紫のほかに白などもある。花からは甘く良い香りがするが、枝から切り取るなどして生長が止まった花は香りがしなくなる。

かいでみよう

心落ち着く香り

花の香りには、リラックス成分が含まれる。ただしライラックは花と精油の香りが異なるため、天然の香りを取り出すのが難しく、香水は人工的に調合される。

カキドオシ

［垣通し］　別名：カントリソウ

Glechoma hederacea subsp. *grandis*

分類	シソ科カキドオシ属
生活	多年草
草丈	5～25cm
花期	4～5月
分布	北海道～九州
生育地	道端、草地など

垣根を通り抜けるほどの繁殖力

垣根を通り抜けるほど旺盛にのびるので「垣通《かきどお》し」と名付けられた。春に道端や公園のすみなど身近な場所で見られる。茎は花が終わると倒れて、つる状になってのび、節から根を出して増えていく。花は唇形《しんけい》で、花冠《かかん》の下の部分の裂片《れっぺん》が大きく、濃い紫の模様がある。葉は茎に向かい合ってつき、丸みがある形で、ふちにはぎざぎざがある。葉をもむと、良い香りがする。「連銭草《れんせんそう》」とよばれる生薬として利用され、利尿、鎮咳、消炎などの薬効があるという。

見てみよう

カキドオシの薬効

本種は生薬や民間薬として使われ、子どもの疳《かん》の虫に効くとして「カントリソウ」ともよばれる。また、茎や葉を乾燥させた「カキドオシ茶」も健康茶として利用される。

ムラサキサギゴケ

［鷺苔］　別名：サギゴケ

Mazus miquelii

分類	ハエドクソウ科サギゴケ属
生活	多年草
草丈	10～15cm
花期	4～5月
分布	本州～九州
生育地	田のあぜ、河川敷など

小さなサギが群れ飛び、地面を覆う

やや湿った明るい場所に野生で生えるほか、栽培もされている。茎は地面を這うようにのびる。茎に向かい合ってつく葉は小さめで、根元に集まってつく葉はやや大きめ。花色は紫のほか白もあり、花の形が飛んでいるサギに似ていることから名付けられたといわれる。白い花だけを「サギゴケ」という品種と扱う考え方もある。花の形は筒のようになり、花《か》冠《かん》の下の部分に黄褐色の斑点がある。この部分が盛り上がっているのが特徴的。

関連種

トキワハゼ

道端や畑などでよく見られる一年草。ムラサキサギゴケと似ているが、花の色は淡い。花の大きさは1cmほどで、ムラサキサギゴケより小さめ。花期が4～11月と長い。

アジュガ（セイヨウキランソウ）

Ajuga reptans

分類	シソ科キランソウ属
生活	多年草
草丈	10～30cm
花期	4～6月
分布	アメリカ大陸以外の温帯地域
生育地	庭、公園など

マットのようにびっしりと葉が広がる

キランソウ属（アジュガ属）のなかで、ヨーロッパ原産のセイヨウキランソウが元になって生み出された園芸植物が「アジュガ」として栽培されている。地面を這う茎（ランナー）をのばして広がり、その先にまた新しい株をつくってどんどん増える。春に、紫色やピンク色などの小さな花が、茎の上部に穂になってたくさん咲く。葉が地面を覆うようにびっしりとつくため、グラウンドカバーに最適。葉が斑《ふ》入りや赤茶色のものなど、葉の美しさを楽しめる園芸品種も多い。

関連種

キランソウ

キランソウ属の植物。シソのなかまは茎が角ばっているが、この植物は例外で断面が丸い。花の色は濃い紫。葉が放射状に地面に張り付く姿から、別名「地獄の釜の蓋」。

マツバウンラン

［松葉海蘭］
Nuttallanthus canadensis

分類	オオバコ科マツバウンラン属
生活	越年草
草丈	50cm
花期	4～6月
分布	北アメリカ原産
生育地	道端、芝地など

細い茎に集まる小鳥のような花

北アメリカ原産の帰化植物で、近年多く見られるようになった。道端などに生えるほか、空き地に群生していることもある。根元から横に枝を出して、増え広がる。春から初夏、淡い紫色の小さな花が、細い茎の先に集まってつく。花の形はよく見ると、小鳥が翼を広げているようにも見え、可愛らしい。花《か》冠《かん》の下の裂《れっ》片《ぺん》の真ん中が、白く盛り上がっている。花の後ろには長い筒のような「距《きょ》」がある。茎につく葉は細長く、これを松葉に例えて名前が付けられた。

関連種

ツタバウンラン

地中海原産の帰化植物。茎が地面を這うようにのび、ツタのように5～7つに浅く切れ込んだ、小さい葉がつく。別属の植物だが、花の形はマツバウンランに似ている。

トケイソウ

［時計草］
Passiflora caerulea

分類	トケイソウ科トケイソウ属
生活	常緑樹、多年草
草丈	つる性
花期	4~7月
分布	熱帯アメリカ、アジア、オーストラリア原産
生育地	庭など

今にも時計の針が動き出しそう

平らに開く大きな花を文字盤、3つの雌しべの先を針に見立てて、時計草という命名がぴったりだ。文字盤に描かれた目盛のように見える、細い糸状のものは副《ふく》花《か》冠《かん》という部分。狭義のトケイソウは、白い花を咲かせるカエルレアという種だが、それ以外にも、いろいろなトケイソウ属の植物が栽培されている。花弁とがく片が5枚ずつあり、両方とも花弁のように見える。茎がつるになってのびるため、垣根や支柱などに絡ませて栽培されることが多い。

関連種

パッションフルーツ

トケイソウ属の植物で、果実は食用にされ、トロピカルフルーツとして市販されている。花はほかの種と同じく時計の形。クダモノトケイソウという和名もある。

アリウム・ギガンチウム

Allium giganteum

分類	ヒガンバナ科アリウム属
生活	多年草
草丈	100~120cm
花期	4~7月
分布	中央アジア原産
生育地	庭、公園など

ネギやニンニクと同じなかま

ネギやニンニクと同じ「ネギ属（アリウム属）」の園芸植物を、まとめてアリウムとよぶ。アリウムのなかまにはこの、花が大きなボール形に集まるアリウム・ギガンチウムのほか、ピンク色の星のような花をつけるアリウム・ユニフォリウムなど、いろいろな種があり、ネギ坊主のように小さな花が集まって、特徴的な形になる。花弁にあたる部分とがくに当たる部分を合わせて、花には6枚の花被片《かひへん》がある。秋に球根を植えると、次の年の春から梅雨頃にかけて花が咲く。

かいでみよう

名前の由来は「におい」

アリウムという名前は、「におい」という意味の言葉が語源になっていて、なかまのネギやニンニクと同様、葉や茎を傷つけると、独特のにおいがすることがある。

1
2
3
4
5
6
7
8
9
10
11
12

ラベンダー

Lavandula

分類	シソ科ラベンダー属
生活	常緑樹
草丈	20～130cm
花期	4～10月
分布	地中海沿岸原産
生育地	庭、公園など

芳香剤でもおなじみの心落ち着く香り

古くから香りのよさが注目され、利用されてきた。ラベンダーの香りには鎮静効果をはじめ、安眠、鎮痛、抗炎症などさまざまな効能があるとされる。本来は低木だが、草花のように栽培され、庭植え、花壇、コンテナなどで育てられる。よく栽培されるイングリッシュラベンダー（写真）のほか、フレンチラベンダー、デンタータラベンダー、交配種のラバンディンなどの種があり、花期や性質、香りなどは種によって異なる。花は小さい唇《しん》形《けい》で、葉は細長い。

1
2
3
4
5
6
7
8
9
10
11
12

やってみよう

香りでリラックス

花をドライフラワーやポプリなどにして、香りを楽しめる。切り花にするとポロポロと花が落ちるが、つぼみが開ききる前に切ると落ちにくい。

クレマチス

別名：テッセン、カザグルマ
Clematis

分類	キンポウゲ科クレマチス属
生活	多年草、落葉樹、常緑樹
草丈	つる性
花期	4~10月
分布	世界中に分布
生育地	庭など

フェンスやアーチに絡ませて大人気

茎がつる状になり、葉柄《ようへい》で絡みついて伸びるため、垣根などで栽培されることも多い。日本にはカザグルマなどが自生し、中国原産のテッセンも古くから栽培される。そのほかクレマチス属には250種以上の原種があり、その園芸品種は数多い。花弁に見える部分はがく片で、花弁はない。一般的な、平らに開く大輪や中輪の花のほか、鐘形や八重咲きなど多様な花形がある。花期は四季咲きのものと、一期咲きの春咲き、夏～秋咲き、冬咲きなどがある。

近縁種

センニンソウ

クレマチス属のなかまで、道端や林のふちなどで見られる植物。茎はつる状で、細長い花弁に見える4枚のがく片が十字形につき、長い雄しべと雌しべが目立つ。

ハナショウブ

［花菖蒲］

Iris ensata var. *ensata*

分類	アヤメ科アヤメ属
生活	多年草
草丈	30〜60cm
花期	5〜6月
分布	北海道〜九州
生育地	湿った草地など

アヤメのなかまは外花被《がいかひ》の模様で見分ける

日本国内に自生するノハナショウブから改良された園芸植物でアヤメのなかま。江戸時代にはさかんに栽培され、数多くの園芸品種が生み出された。各地のショウブ園で、さまざまな品種をみることができる。園芸品種は江戸系、肥後系、伊勢系という3系統に分けられる。花の形は、がくにあたる3枚の外花被だけが大きい三英咲き、花被6枚がすべて大きい六英咲きのほか、八重咲きや、玉咲きなどの変化咲きもある。外花被の付け根に、黄色の模様が入るのが特徴。

見てみよう

アヤメのなかまの花のつくり

がくに当たる外花被《がいかひ》と、花弁にあたる内花被《ないかひ》が同じような色で、外花被が花弁のように見える。花の内側から出ている細い花弁のようなものは雌しべ。

アヤメのなかま

アヤメ

アヤメのなかまのなかでは乾燥した場所に生える植物で、栽培もされているが、園芸品種は少ない。外花被片に、網目のような模様があることで見分けられる。この模様からアヤメの名が付けられたという説がある。

カキツバタ

日本国内に自生し、万葉集にも詠まれ、古くから知られた。アヤメのなかまのなかでは最も水を必要とし、池や沼などの水辺に植えたり、鉢に水を張ったりして栽培する。外花被片に、白い一本のすじ模様があるのが見分けのポイント。

キショウブ

ヨーロッパから西アジア原産の植物。花はあざやかな黄色で、池や川、水路などの水辺や湿った場所を好んで生える。観賞用に導入されたが、近年野生化が進み、環境省が重点対策外来種に指定している。

ジャーマンアイリス

ヨーロッパ原産の植物を改良して生まれ、多くの園芸品種がある。フリルのように花被片が波打つ、ゴージャスな雰囲気で、色も紫のほかに、白、ピンク、黄、赤、2色が混じるものなどさまざま。水はけのよい場所で育つ。

ニワゼキショウ

［庭石菖］
Sisyrinchium rosulatum

分類	アヤメ科ニワゼキショウ属
生活	多年草
草丈	10～20cm
花期	5～6月
分布	北アメリカ原産
生育地	道端、芝地など

小さいが整った花形が美しいアヤメのなかま

草丈10～20cmと小さな草で、花も直径1.5cmほどと目立たないが、園芸植物のような整った美しさがある。アヤメ科の植物で6枚の花《か》被《ひ》片《へん》があり、それぞれの花被片に紫色のすじがある。花の中心付近は濃い紫色になり、その奥は黄色い。葉の形は、芝のように細長い。花が終わると、長い柄のある球形の果実ができる姿も特徴的。明治時代に北アメリカから渡来し、庭や公園の芝生の中などで、普通にみられる。葉がセキショウ（サトイモ科）に似ているのが和名の由来。

近縁種

オオニワゼキショウ

ニワゼキショウと同じグループで、よく似ているが、草丈は20～30cmと少し高くなる。花は淡い青紫色で、やや小さめ。北アメリカ原産の帰化植物。

シラン

［紫蘭］

Bletilla striata

分類	ラン科シラン属
生活	多年草
草丈	30-50cm
花期	5～6月
分布	本州～沖縄
生育地	庭、公園など

江戸時代から庭で親しまれる、身近なラン

日当たりが良い崖の上や、山の斜面などに生える植物だが、環境省のレッドリストで絶滅危惧種に指定され、自生している姿を見ることはまれ。園芸植物としてとても育てやすく、庭や公園などでよく栽培されている。花は明るい紫色で、1つの花茎《かけい》に数個つき、真ん中の花被《かひ》（唇弁《しんべん》）に盛り上がったひだがある。葉は長く先がとがり、縦すじがある。花が白いシロバナシランや、葉のふちが白いフイリシラン、ナリヤランとの交配種ノリヤシランなども栽培される。

見てみよう

ランの花粉団子

ランのなかまは、花粉が団子のような花粉塊《かふんかい》になり、虫につきやすくなっている。シランには蜜がないが、ハナバチがやってきて、花粉塊が付き運ばれる。

1
2
3
4
5
6
7
8
9
10
11
12

アジサイ

［紫陽花］　別名：ホンアジサイ

Hydrangea macrophylla f. *macrophylla*

分類	アジサイ科アジサイ属
生活	落葉樹
樹高	2m
花期	5～7月
分布	栽培種
生育地	庭、公園など

雨がよく似合う梅雨時の花

梅雨空の下で咲く丈夫な植物で、庭や公園、道路沿いなど、さまざまな場所でさかんに栽培される。実っても種子はできない装《そう》飾《しょく》花《か》が、丸くボールのように集まって咲く「手まり咲き」で、4枚の花弁に見えるものはがく片。この手まり咲きのアジサイは、日本国内に自生するガクアジサイの品種で、ホンアジサイとよぶこともある。また、ヨーロッパで品種改良された種はセイヨウアジサイ（ハイドランジア）として区別される。葉はぎざぎざのある卵形で、つやがある。

見てみよう

花色が変化

アジサイの花は、咲き始めと咲き終わりで色が変化するほか、土の酸性度でも、花色が変わる。酸性土壌では青、中性～弱アルカリ性ではピンク色が強くなる。

アジサイのなかま

ガクアジサイ

暖かい地域の海岸沿いに自生するほか、栽培もされる。果実をつくる両性《りょうせい》花《か》が中央に、その周りに額縁のように装飾花がつくことからこの名がある。葉にはつやがある。八重咲きなどの園芸品種もある。

ヤマアジサイ

林の中の川沿いなどに生えるアジサイのなかまで、花のつくりはガクアジサイに似ているが、葉がガクアジサイより薄く、長め。数多くのバラエティに富んだ園芸品種があり、‘墨田の花火’などもこの系統。

アナベル

北アメリカ原産のアメリカノリノキが元になった園芸品種で、庭によく植えられている。真っ白な装飾花がボール状に集まる、手まり咲きで、花色は徐々に黄緑に変化していく。ピンク色の花を咲かせる種もある。

カシワバアジサイ

北アメリカ東部原産のアジサイのなかま。花が円錐形につくことと、葉がカシワの葉のように切れ込むことが特徴で、一般的なアジサイとはかなり姿が異なる。通常は装飾花の内側に両性花が咲く。八重咲きの品種もある。

ムラサキカタバミ

［紫傍食］

Oxalis corymbosa

分類	カタバミ科カタバミ属
生活	多年草
草丈	15~30cm
花期	5~7月
分布	南アメリカ原産
生育地	庭、畑、草地など

葉も花もカタバミより大きめ

江戸時代の末期に渡来し、観賞用に栽培されていたものが野生化した帰化植物。晩春から夏にかけて、庭や空き地などで普通に見られる。花はピンク色で、花弁にすじ模様があり、花の中心部分は白い。雄しべのやくは白く、花粉がない。果実はできないが、地中にたくさんの鱗《りん》茎《けい》をつくって増えるため、繁殖力が強い。同じカタバミ属の植物で、園芸種として改良されたものはオキザリス(p.116)として流通している。オキザリスはギリシャ語で「酸っぱい」の意味。

近縁種

イモカタバミ

ムラサキカタバミと同じ帰化植物で、花の中心部分の色が濃いことや、葯《やく》が黄色いことがムラサキカタバミとの違い。地中に塊《かい》茎《けい》をつくって増える。

スモークツリー

別名：ケムリノキ、ハグマノキ

Cotinus coggygria

分類	ウルシ科ハグマノキ属
生活	落葉樹
樹高	4~5m
花期	5~7月
分布	南ヨーロッパからヒマラヤ、中国原産
生育地	庭、公園など

遠くから見ると、もくもくとした煙のよう

枝先にふさふさしたものがつく、ユニークな姿。これは花が咲いた後、果実が実らなかった花の花柄《かへい》が長くのびて毛に覆われ、全体が羽毛のようになったもの。これが煙に見えるのが名前の由来。庭などに植えられていると、目をひく存在となる。花は小さく、枝先に集まってつき、花弁は5枚ある。葉の色が赤みがかっているものなど、園芸品種もあり、「煙」に見える花柄の色は、赤紫や、淡い紫などいろいろな種類がある。葉は丸く、秋には落葉する。

見てみよう

煙のようになるのは雌木だけ

スモークツリーは雄の木と雌の木がある、雌雄異株《しゆういしゅ》の植物。煙に覆われたような姿になるのは雌木だけで、雄木には小さな花が咲くが毛は生えない。

ジギタリス

別名：キツネノテブクロ

Digitalis purpurea

分類	オオバコ科ジギタリス属
生活	二年草、多年草
草丈	30~180cm
花期	5~7月
分布	ヨーロッパ、北東アフリカ~中央アジア原産
生育地	庭、公園など

薬効で有名だが毒性が強い

長い鐘形の花が、茎の先に長い花穂《かすい》のようになって、やや下向きにつき、茎はすっとまっすぐ上にのびる。ヨーロッパでは、古くから花壇などで観賞用に栽培されてきた。また薬草としても利用され、強心剤としての作用が知られるが、全体に強い毒があるため、注意が必要。葉は長い形で、茎に互い違いにつく。花の中には斑点模様がある。多くの園芸品種があり、花の色もいろいろ。このプルプレア種以外にも、ジギタリス属の植物が栽培される。

生き物とのつながり

ハナバチと花

ジギタリスの花は袋のようになっていて、ハナバチのなかまが中にもぐり込んで蜜を吸う。ハナバチは記憶力がよく、同じ花を何度も訪れる。花にとっては優秀なパートナーだ。

キキョウソウ

［桔梗草］　別名：ダンダンギキョウ

Triodanis perfoliata

分類	キキョウ科キキョウソウ属
生活	一年草
草丈	30～80cm
花期	5～7月
分布	北アメリカ原産
生育地	道端、芝地、畑など

紫色の小さな花が段になって咲く

日当たりの良い所に咲く、北アメリカ原産の植物。昭和初期に確認された新しい帰化植物で、かつては観賞用に栽培されていたこともある。丸みのある葉が、互い違いに段になってつき、葉のわきに、紫色の小さな星のような花を咲かせる。花弁が5つに裂け、5枚あるように見える。花の色は普通紫色で、淡い紫や白に近いものもある。茎の下の方には閉鎖花《へいさか》（開かずに結実する花）をつける。果実が熟すと、側面に穴ができて、そこから種子がこぼれ落ちる。

近縁種

ヒナキキョウソウ

北アメリカ原産の帰化植物で、近年よく見られる。花は普通、茎の先に1つ咲き、下の方には閉鎖花がつく。葉は卵形。全体にキキョウソウよりほっそりした印象。

ノアザミ

［野薊］

Cirsium japonicum

分類	キク科アザミ属
生活	多年草
草丈	50~100cm
花期	5~8月
分布	本州~九州
生育地	草地、道端、川沿いなど

春に咲くアザミはこれ

アザミのなかまは国内に120種以上が分布するが、多くが夏~秋に咲くのに対し、本種は春から初夏に咲く。開花時期は5月から8月。地面近くの、茎の根元につく葉が花期に残っているかどうかが、アザミの見分けのポイントの1つだが、本種は花期にも残っている。葉はぎざぎざに裂け、茎の途中につく葉は茎を抱き、鋭いとげがある。花は上向きに咲き、がくに見える部分(総苞《そうほう》)は触るとべたつく。よく似たノハラアザミは花期が秋で、総苞がべたつかない。

触ってみよう

触ると花粉が出てくる

頭花《とうか》は、筒状花《とうじょうか》が集まったもので、雄の時期と雌の時期がある。雄の時期に雄しべに触れると、雄しべの花糸《かし》が縮んで、花粉が押し出される。

アメリカオニアザミ

［亜米利加鬼薊］

Cirsium vulgare

分類	キク科アザミ属
生活	一年草、二年草
草丈	150cm
花期	7～10月
分布	ヨーロッパ原産
生育地	草地、道端、畑など

鬼のように鋭いとげをつけ大きく育つ

アメリカの名がつくものの、ヨーロッパ原産の帰化植物。空き地などでよく見られ、放置すると背の高さくらいまで大きく育ち、圧倒されるような草姿になることも多い。茎にはひれがあって、そこに鋭いとげがあり、触るととても痛い。茎はよく枝分かれし、その先に1～3個の花がつく。がくに見える部分（総《そう》苞《ほう》片《へん》）もたくさんのとげ状になる。果実には長い綿毛（冠《かん》毛《もう》）があり、毛が羽状に枝分かれしていて、風に乗って遠くへ運ばれる。

見てみよう

枝分かれしている綿毛

冠毛（綿毛）をよく見ると、長い毛の一本一本にさらに枝分かれするように細かい毛が生えている。この毛で風に乗り、ふわふわと空中を漂う。

コリウス

別名：キンランジソ

Coleus

分類	シソ科コリウス属
生活	一年草、多年草
草丈	20～100cm
花期	6～10月
分布	熱帯・亜熱帯アジア、アフリカ原産
生育地	庭、公園など

美しい葉を鑑賞するシソのなかま

赤、白、緑、紫と美しく染まる葉を鑑賞する植物。葉の模様や大きさ、形のバリエーションが豊かで、花壇やコンテナにほかの植物と一緒に植えて、色のコントラストを楽しめる。シソの花に似た小さな花が、長い花茎《かけい》に並んで多数つくが、株を長持ちさせるために、花芽を切ってしまうことも多い。種子から育てた「実生《みしょう》系」と、挿し芽で育てる「栄養系」の園芸品種があり、栄養系は種類が豊富で暑さに強く、管理次第で冬越しもできるため、近年人気がある。

やってみよう

葉のバリエーション

葉は主に、夏から秋にかけて観賞できる。赤やピンク、紫、黄、白、緑など色合いが豊富で、形や模様もバラエティ豊か。

デュランタ

別名：ハリマツリ、タイワンレンギョウ

Duranta erecta

分類	クマツヅラ科デュランタ属
生活	常緑樹
樹高	0.3~2m
花期	6~10月
分布	南北アメリカ原産
生育地	庭、公園

紫の花房が垂れ下がる、近年人気の花木

高さ2m前後になる低木で、近年庭や鉢植えなどで栽培されることが多くなった。花は漏斗形で、先端が5つに分かれ、5枚の花弁のように見える。それが長さ15～20cmくらいの房になってつき、垂れ下がる。葉は枝に向かい合ってつき、葉の先のほうにだけぎざぎざがある。濃い紫の花弁に白いふち取りの‘タカラヅカ’という品種がよく栽培されているほか、明るい黄緑の葉を鑑賞する‘ライム’や、白い花の‘アルバ’などの園芸品種がある。

見てみよう

枝のとげ

よく栽培されている品種‘タカラヅカ’にはとげがないが、品種によっては枝にとげがあるものがある。そのため「ハリマツリ」という別名がある。

コムラサキ

［小紫］　別名：コシキブ

Callicarpa dichotoma

分類	シソ科ムラサキシキブ属
生活	落葉樹
樹高	1~1.5m
花期	6~7月
分布	本州~沖縄
生育地	山地、湿地、庭、公園など

ムラサキシキブとよばれる植物の多くはこれ

庭などによく植えられ、秋に紫色の果実が多数集まってつき、枝は垂れ下がってのびる。「ムラサキシキブ」とよばれることが多いが、これは同属で別種の*Callicarpa japonica*の和名。本種は葉の上半分だけにぎざぎざがあることや、葉のわきから少し上に花《か》序《じょ》（花の集まり）がつくことで、ムラサキシキブと区別できる。両方とも国内に自生する植物だが、本種は野生ではめったに見られない。初夏には小さな紫色の花が集まって咲く。葉は枝に向かい合ってつく。

近縁種

ムラサキシキブ

コムラサキと比べ、果実がややまばらにつく印象。また、葉の全周にぎざぎざがあること、葉のわきから花序が出ることも、コムラサキとの違い。

ホタルブクロ

［蛍袋］　別名：ツリガネソウ、チョウチンバナ

Campanula punctata

分類	キキョウ科ホタルブクロ属
生活	多年草
草丈	40～80cm
花期	6～7月
分布	北海道・九州
生育地	林、庭など

「袋」はマルハナバチにぴったりの大きさ

草原や林などに生え、庭などで栽培されることもある。名前のとおり、長い袋を逆さにしたような、淡い紫色の花が下向きに咲く。この花にホタルを入れて遊んだことが和名の由来といわれる。雄しべが先に熟して花粉をつけ、しおれた後に雌しべの先が3つに割れて、花粉を受け取れる状態になる。この時間差の仕組みによって自家受粉を避けている。がく片の凹部分に「付《ふ》属《ぞく》体《たい》」があり反り返るが、よく似たヤマホタルブクロには付属体がないことで区別できる。

見てみよう

花に潜り込む虫

花の中には毛が多く生えていて、マルハナバチのなかまはこの毛を足場にして、花の中に潜り込み、奥にある蜜を吸う。

1
2
3
4
5
6
7
8
9
10
11
12

ゼニアオイ

［銭葵］　別名：マロウ

Malva mauritiana

分類	アオイ科ゼニアオイ属
生活	一年草、多年草
草丈	60~90cm
花期	6~8月
分布	ヨーロッパ原産
生育地	庭、道端など

端正な紫色の花が、縦に並んで咲く

観賞用の園芸植物として、江戸時代から栽培されているが、近年は道端などで、野生化したものを見かけることも多い。花弁は5枚で、濃い紫のすじが入る淡紫色。花は葉のわきにつき、まっすぐのびた茎に、縦に並んだように見える。葉には丸みがあり、5～9つに浅く切れ込みが入っている。「銭《ぜに》葵《あおい》」の名の由来は、花の形や大きさを貨幣に例えたという説や、果実の形を貨幣に例えたという説などがある。近縁の植物にウスベニアオイ（ブルーマロウ）がある。

食べてみよう

色が変わるハーブティ

栽培したゼニアオイやウスベニアオイの花を洗って乾燥させると、ハーブティに。レモンを入れると、青からピンク色に変化する。

クレオメ

別名：セイヨウフウチョウソウ、スイチョウカ

Cleome spinosa

分類	フウチョウソウ科クレオメ属
生活	一年草
草丈	60～120cm
花期	6～8月
分布	熱帯アメリカ
生育地	庭、公園など

風に群れ飛ぶチョウのよう

茎がまっすぐのび、その上に花弁4枚の花が集まってつく。花弁は楕円形で根元は細長い柄のようになっており、長い雄しべが外側に向かってのびる。花の一つひとつが舞い飛ぶチョウのように見えるため、「西《せい》洋《よう》風《ふう》蝶《ちょう》草《そう》」という和名がある。花は2日ほどで終わり、その後細長い果実となり、長い柄の先についている姿も特徴的。葉は小《しょう》葉《よう》5～7枚が手のような形に集まってつく。暑さに強く、真夏の花壇で重宝される。こぼれ種で増え、野生化することもある。

見てみよう

花の色が変化

花の色は、つぼみのときは濃い色をしているが、咲いてからだんだん白っぽく淡い色に変化していく。このことから、「酔《すい》蝶《ちょう》花《か》」という別名もある。

ムラサキツユクサ

［紫露草］
Tradescantia × andersoniana

分類	ツユクサ科ムラサキツユクサ属
生活	多年草
草丈	30～80cm
花期	6～9月
分布	北アメリカ原産
生育地	庭、公園など

花弁が3枚、三角形に見える花

花弁が3枚で、三角形のような形に見える花。交配によって生み出された多くの園芸品種があり、花色には紫やピンク、白などがある。本来のムラサキツユクサは*Tradescantia ohiensis*という原種の名前で、これと区別するために、園芸品種をオオムラサキツユクサとよぶことも多い。茎が地面を這うようにのびる種類と、立ち上がってまっすぐのびる種類がある。花は一日でしぼむ一日花。雄しべの花糸《かし》には、ひげのような毛がたくさん生えている。

近縁種

ムラサキゴテン

花はムラサキツユクサに似ているが少し小さめで、葉や茎など全体が紫色をしている。葉には細かい毛がたくさん生える。

キキョウ

［桔梗］　別名：アサガオ

Platycodon grandiflorus

分類	キキョウ科キキョウ属
生活	多年草
草丈	0.5～1m
花期	6～9月
分布	北海道～九州
生育地	庭、公園など

あざやかな青紫色は日本の秋に似合う

秋の七草で「朝《あさ》貌《がお》」とよばれている植物が、このキキョウだといわれる。日当たりの良い草原に自生し、昔から親しまれていたが、現在は数が減り、環境省によって絶滅危惧種に指定されている。園芸植物として栽培されたものは見かける機会が多く、今でも代表的な秋の花の一つ。花は6月頃から見られ、五角形の整った形で、家紋にもデザインされている。葉は細長く、ふちにぎざぎざがある。白やピンクの花、八重咲きなどの園芸品種もある。

見てみよう

雄《ゆう》性《せい》先《せん》熟《じゅく》

開花直後は、雄しべが雌しべをぴったり覆い、花粉を出す。雄しべがしおれた後、雌しべの先が開く（写真右は雌しべが開く前、左は後）。

1
2
3
4
5
6
7
8
9
10
11
12

ゲンノショウコ

［現の証拠］　別名：イシャシラズ

Geranium thunbergii

分類	フウロソウ科フウロソウ属
生活	多年草
草丈	30~60cm
花期	7~10月
分布	北海道~九州
生育地	道端、草地など

東日本は白色、西日本は紅紫色が多い

花弁5枚の花が咲き、花の色は東日本では白、西日本では紅紫が多いとされる。関東近辺など、白色と紅紫色が混在している地域もあるようだ。草丈30〜60cmの小さな草で、葉は3〜5つに裂け、裂片《れっぺん》に粗いぎざぎざがある。茎や葉には毛が生えている。「現《げん》の証拠《しょうこ》」の名は、この草に薬効があることが由来で、「薬として用いるとすぐに必ず効き、効果が明白」という意味。整腸、下痢止めなどの民間薬として、古くから利用された。「医者しらず」の別名もある。

見てみよう

神輿のような果実

花が終わると細長い果実ができ、熟して乾燥すると、5つに裂けて巻き上がる。裂片の先には種子が1つずつついて、まるで神輿の屋根のよう。

1
2
3
4
5
6
7
8
9
10
11
12

センニチコウ

［千日紅］

Gomphrena globrosa

分類	ヒユ科センニチコウ属
生活	一年草
草丈	15～70cm
花期	7～10月
分布	熱帯アメリカ原産
生育地	庭、公園など

ポンポンのような花が長い期間咲く

小さな花が球状に集まって咲き、洋服や帽子の飾りに使うポンポンのようで楽しい。苞《ほう》が紫や白などに色づき、開花すると、苞の中から細い花弁が5枚のび出して、その中から黄色い雄しべが出てくる。花が終わっても苞が残り、長い期間花を楽しむことができることから、「千日紅《せんにちこう》」と名付けられた。花壇や鉢植えのほか、切り花やドライフラワーにも使われる。高温や乾燥に強く、夏の間元気に咲き続ける。園芸品種には、草丈が高いものと低いものがある。

近縁種

キバナセンニチコウ

草丈60～70cmになり、花はオレンジ色で、センニチコウより少し大きめ。センニチコウと違い、地下に球根をつくり冬越しする多年草。

ギボウシ

［擬宝珠］　別名：ホスタ、ウルイ

Hosta

分類	キジカクシ科ギボウシ属
生活	多年草
草丈	15〜200cm
花期	7〜8月
分布	東アジア原産
生育地	庭、公園など

長い茎がうつむく姿が、日陰によく合う

ギボウシ属の植物には約40種があり、国内ではコバギボウシ、オオバギボウシ、ミズギボウシなどが山野に自生している。江戸時代から観賞用に栽培され、葉が斑《ふ》入りのものなど、園芸品種も多い。縦にすじがある葉が根元につき、すっとのびた長い花茎《かけい》に、白や淡い紫の花が並んでつく。花は6枚の花被片《かひへん》がくっつく形で、先端が開いた袋のようになっている。花は下から順に咲いていく。通常は一日花で、朝開いた花は、夕方には閉じてしまう。

食べてみよう　うるい

ギボウシのなかまの若葉はおいしい山菜で、あえもの、おひたし、天ぷらなどにして食べられる。特にオオバギボウシの若芽は「うるい」とよばれる。

クズ

［葛］

Pueraria lobata

分類	マメ科クズ属
生活	多年草
草丈	つる性
花期	7～9月
分布	全国
生育地	荒れ地、林縁など

放置林を覆いつくす大きな葉

林のふちや荒れ地などに生え、茎はつるになってのびる。除草が行われていない空き地や林などでは、ほかの草や樹木を覆いつくすように生い茂る様子が見られ、海外では侵略的外来種とされる。花は夏に咲き、蝶形の紫色の花が集まって長い穂になる。花には甘い香りがある。葉は長さ10～15cmくらいの小葉《しょうよう》が3枚集まってつき、茎や葉など全体に毛がある。根からくず粉が作られたり、薬用にされたりと古くから利用され、秋の七草の一つでもある。

生き物とのつながり

ウラギンシジミ

ウラギンシジミの幼虫は、クズやフジの花を食べる。花を探すと、ゴルフボールのような形の卵や、花の色に擬態《ぎたい》した幼虫を見つけられる。

ヌスビトハギ

［盗人萩］

Hylodesmum podocarpum subsp. *oxyphyllum*

分類	マメ科ヌスビトハギ属
生活	多年草
草丈	60~120cm
花期	7~9月
分布	全国
生育地	草地、道端、林縁など

サングラスのようなタネがひっつく

林のふちなどで普通に見られる植物。小さな蝶形の淡紫色の花がまばらに並び、穂状につく。果実のさやにくびれがあり、2つの半月形に分かれ、サングラスのような形で特徴的。この果実の形が盗人の足跡に見えることが「盗《ぬす》人《びと》萩《はぎ》」の名前の由来といわれるが、諸説ある。果実の表面にはかぎ状の毛が生え、これで動物の毛などにくっついて、遠くへ運ばれる仕組みで、気づかないうちに服についていることがよくある。葉は3枚の小葉《しょうよう》が集まってつく。

見てみよう

ひっつき虫のいろいろ

果実のひっつき方は、ヌスビトハギのようなかぎ状のとげ、コセンダングサ（p.71）のような逆向きのとげ、ノブキのような粘液など、種によっていろいろな仕組みになっている。

ミヤギノハギ

［宮城野萩］
Lespedeza thunbergii

分類	マメ科ハギ属
生活	落葉樹
樹高	1~2m
花期	7~9月
分布	東北、北陸、中国地方
生育地	山、庭、公園など

よく栽培されるハギ

秋の風情を感じさせるハギは、『万葉集』に最も多く登場する植物で、古くから人々に親しまれてきた。秋の七草の一つでもある。ハギにはいくつかの種があるが、本種は庭や公園などでよく栽培されている。花の時期には枝が長く垂れ、葉のわきに蝶形の花が長い花序《かじょ》になってつく。葉は長めの楕円形で先がやや尖り、3枚の小《しょう》葉《よう》が集まっている。木全体に毛が生えている。「宮《みや》城《ぎ》野《の》萩《はぎ》」の名前の由来は不明だが、宮城県では県花に指定されている。

近縁種

ヤマハギ

ヤマハギ（写真）は山地に自生し、枝はほとんど垂れず、小葉の先は丸い。マルバハギは山地に自生し、枝は垂れない。花序（花の集まり）が葉より短く、小葉は丸い。

1
2
3
4
5
6
7
8
9
10
11
12

アサガオ

［朝顔］
Ipomoea nil

分類	ヒルガオ科サツマイモ属
生活	一年草
草丈	つる性
花期	7～9月
分布	熱帯～亜熱帯地域原産
生育地	庭など

元々は薬として導入された

古くは薬用に利用された。江戸時代には、采《さい》咲《さ》き、ボタン咲き、キキョウ咲きなどの「変化アサガオ」が作り出され、一大ブームが起こった。現在はラッパ形の丸い花が一般的で、ふち取り模様の「覆《ふく》輪《りん》」や、覆輪に太いすじが入る「曜《よう》白《じろ》」、不規則なすじ模様の「絞り」、花の大きさも大輪から小輪までさまざまなタイプがある。小型でつるにならない園芸品種もある。葉は通常3つに切れ込み、真ん中の裂《れっ》片《ぺん》が大きいが、左右の裂片がさらに2つに切れ込むこともある。

見てみよう

アサガオはなぜ朝に咲く？

アサガオは日没後約10時間で開花する性質があるため、早朝に開花し、秋が近づくと開花時間がさらに早まる。一日花のため、昼には花がしぼむ。

アサガオのなかま

ソライロアサガオ

セイヨウアサガオともよばれ、明治時代頃に入ってきたもの。アサガオと違って茎や葉に毛がない。午後まで花がしぼまない。葉はハート形。'ヘブンリー・ブルー'(写真)などの園芸品種があり、花の中心が黄色いものが多い。

ノアサガオ

アサガオと違い、多年生。熱帯〜亜熱帯地域原産。丈夫な性質で、花期も晩秋までと長い。地表付近からランナーをのばして増えるため、旺盛に生い茂る。花が夕方までしぼまないため、グリーンカーテンにもよく利用される。

マルバアサガオ

熱帯アメリカ原産で、欧米で改良されたものが日本に入ってきた。花は直径5〜8cmほどとやや小さめ。名前のとおり葉が丸く、切れ込まないのが特徴。花の色は紫のほか、ピンク、青紫、白がある。野生化したものも見られる。

アメリカアサガオ

直径3cmほどの小さい花を咲かせるアサガオのなかま。熱帯アメリカ原産で、戦後、輸入食料に混じって入ってきたと考えられている。道端や川沿いなどで野生化しているものが見られる。

キチジョウソウ

［吉祥草］
Reineckea carnea

分類	キジカクシ科キチジョウソウ属
生活	多年草
草丈	8~12cm
花期	8~10月
分布	本州（関東地方以西）~九州
生育地	林など

良いことがあると開花するとの言い伝えが

暖かい地域の林の中などに生える植物で、庭などで栽培もされている。花は夏から秋にかけて咲き、濃い紫色の花茎《かけい》に淡い紫色の花が穂になってつく。花被片《かひへん》は外側に反り返り、雄しべが目立つ。葉は根元から出て細長い。花の後、赤い球形の果実ができる。地下茎《ちかけい》をのばし、どんどん株が増えて広がっていくので、グラウンドカバーなどに用いられることもある。「吉祥草《きちじょうそう》」の名は、吉事があると開花するという言い伝えが由来となっている。

見てみよう

赤い果実

キチジョウソウは真っ赤で丸い果実をつける。1つの株に両性花と雄花がつくため、果実ができるのは両性花だけだが、果実ができにくいこともある。

ヤブラン

［薮蘭］

Liriope muscari

分類	キジカクシ科ヤブラン属
生活	多年草
樹高	20~40cm
花期	8~10月
分布	本州~沖縄
生育地	林、庭、公園など

ぴょんぴょん跳ねる種子

足元で細く長い葉が茂り、夏には長い花《か》茎《けい》に、花《か》被《ひ》片《へん》6枚の小さな紫色の花をびっしりとつける。本州以南では林の下などに野生で生える植物だが、公園や庭のグラウンドカバー、花壇のふちどりなどに、よく利用されている。冬も枯れず、一年中緑の葉が楽しめる。果実が熟す前に果皮がむけるため、種子が果実のように見える。種子はつやがある黒色。たくさんの園芸品種があり、葉にクリーム色の縦じまが入る、斑《ふ》入りヤブランが多く植えられている。

やってみよう

種子のスーパーボール

種子の黒い皮をむくと、白い部分が出てくる。これをアスファルトなど硬いところに落とすと、かつて子どもたちが遊んだスーパーボールのようによく弾む。

ガガイモ

［蘿摩］

Metaplexis japonica

分類	ガガイモ科ガガイモ属
生活	多年草
草丈	つる性
花期	8月
分布	北海道～九州
生育地	草地、道端

毛が多い花と、ふわふわのタネ

日当たりの良い場所に自生し、茎がつるになって、フェンスなどに絡みついてのびる。やや長いハート形の葉が、茎に向かい合ってつく。花の形は花《か》冠《かん》が5つに裂ける星形で、数個がまとまってつく。花の中に長い毛が生えて、もふもふに見えるのが特徴的。花が終わると、細長い袋のような果実ができ、熟すと光沢のある長い毛のついた種子が中から出てくる。かつて、このふわふわした種子が、伝承上の生物「ケサランパサラン」の正体として話題になったことも。

見てみよう

雄しべと雌しべが合体

ガガイモの雄しべと雌しべは、くっついて「ずい柱《ちゅう》」という形になる。ガガイモのほかには、ランのなかまで、同じようなずい柱が見られる。

キツネノマゴ

[狐の孫]

Justicia procumbens var. procumbens

分類	キツネノマゴ科キツネノマゴ属
生活	一年草
樹高	10~40cm
花期	8~10月
分布	本州~九州
生育地	道端、草地など

花の穂がキツネのしっぽに似ている?

「狐《きつね》の孫《まご》」という名前の由来は、花《か》穂《すい》がキツネの尾に似ているからともいわれるが、よくわかっていない。道端などで見られる高さ10~40cmの小さな草で、卵形の葉が茎に向かい合ってつく。花は唇《しん》形《けい》で長さ8mmほどと、とても小さく、茎の先に穂になってつくが、連なって一度にたくさん咲くのではなく、下から上へ順に咲き進んでいく。上の花弁に雄しべがついていて、下の花弁にはよく見ると、蜜の目印となる白い模様がある。茎の断面は、六角形をしている。

生き物とのつながり

秋の貴重な食料源

小さな花だが、いろいろなチョウやハチがさかんに蜜を吸いに訪れる。虫たちにとって、秋の野の貴重な食料源だ。写真はキタキチョウ。

1
2
3
4
5
6
7
8
9
10
11
12

ホトトギス

[杜鵑草]

Tricyrtis hirta

分類	ユリ科ホトトギス属
生活	多年草
草丈	40~100cm
花期	8~9月
分布	本州~九州
生育地	山地など

鳥のホトトギスに似た模様が名の由来

関東以西の山の中の斜面や崖などに野生で生える植物だが、庭などでも栽培されている。花弁にたくさんの紫色の斑点があり、これが鳥のホトトギスの胸の模様に似ていることが和名の由来という。花は葉のわきに1～3個くらいずつ、茎に並ぶようにして上向きにつく。葉は細長く先がとがり、縦のすじがある。ホトトギスとタイワンホトトギスとの雑種もよく栽培されていて、茎の先にたくさんの花がつくことが、ホトトギスとの違い。白花の園芸品種もある。

見てみよう

上から花粉をつける花

雄しべは噴水のような形で、葯《やく》が下向きについている。花弁の奥にある蜜を吸いに来た昆虫の背中に、花粉がつく仕組み。

ノコンギク

［野紺菊］

Aster microcephalus var. ovatus

分類	キク科シオン属
生活	多年草
樹高	50〜100cm
花期	10〜11月
分布	本州〜九州
生育地	道端、畑、山地など

似た花が多いが、最も身近な野菊

道端や公園のすみ、畑のそばなど、身近な場所でよく見られるキクのなかま。地下茎《ちかけい》をのばして増え、群生することがある。舌状花《ぜつじょうか》は淡い紫色、筒状花《とうじょうか》は黄色で、小さな花が集まって1つの花（頭花《とうか》）に見える。葉には短い毛が生えて、触るとざらざらしている。葉は長い楕円形で、ふちに粗いぎざぎざがある。果実には長い綿毛（冠《かん》毛《もう》）がある。花が濃い紫色のコンギク（下写真）という園芸種がよく栽培されていて、園芸店で「ノコンギク」として出回ることもある。

関連種

ヨメナ／カントウヨメナ

ヨメナはノコンギクとよく似ているが、葉に毛がなく、果実の冠毛が短い。カントウヨメナ（写真）は関東地方以北に生え、冠毛はヨメナより短い。

サフラン

Crocus sativus

分類	アヤメ科クロッカス属
生活	多年草
草丈	10〜15cm
花期	10〜11月
分布	地中海沿岸原産
生育地	庭など

黄色の染料としておなじみ

秋咲きのクロッカスのなかま。サフランライスなど、食品の着色料の原料として有名で、薬用や衣類の染料としても使われたが、この色をつけるために使われるのは、赤い雌しべの部分。1gの染料を採るために、約150個もの花が必要だという。真っ赤な雌しべは3つに分かれ、雄しべより長くのびている。茎にあたる部分（球茎《きゅうけい》）は地下にあり、地上には茎をのばさないため、地面から直接花が咲いているように見える。葉はとても細長く、根元からのびる。

やってみよう

サフラン染め

サフランの雌しべや花びらを煮出した液と、みょうばんなどの媒染液を使い、草木染めができる。試してみよう。

オオイヌノフグリ

［大犬の陰嚢］

Veronica persica

分類	オオバコ科クワガタソウ属
生活	越年草
草丈	1~2cm
花期	3~5月
分布	西アジア･中近東
生育地	道端、畑、草地など

春の野にちらばる青い「星の瞳」

早春から咲き、道端や庭、畑などで普通に見られる帰化植物。茎は枝分かれして地面を這うようにのび、長さ1～2cmほどの花茎《かけい》をのばして、その先に花をつける。花弁は皿のような形で青く、4つに裂け、濃い青色のすじが入っている。大きくて色が濃い裂片《れっぺん》と、小さく色が淡い裂片がある。葉には粗いぎざぎざがあり、全体に毛が生えている。和名は大きいイヌノフグリの意。イヌノフグリは在来種で、果実の形が犬の陰嚢《いんのう》に似ていることが名の由来。

近縁種

タチイヌノフグリ

オオイヌノフグリと同じ帰化植物で、茎が立ち上がってのびる。花は直径2mmほどと小さく、青色のほか紫色もある。

ネモフィラ

別名：ルリカラクサ
Nemophila menziesii

分類	ムラサキ科ネモフィラ属
生活	一年草
草丈	10～20cm
花期	3～5月
分布	北アメリカ原産
生育地	庭、公園など

空を向いて咲く、あざやかな空色の花

お皿のような花冠《かかん》は5つに裂け、あざやかな空色と、中心部分の白のコントラストが愛らしい。草丈は20cm前後と小さいが、枝分かれして横に広がり、花壇やコンテナを花で埋める。公園などで広範囲に植えられ、一面ブルーのお花畑となる。葉は羽状に細かく切れ込み、全体に粗い毛がある。この青花を咲かせるメンジーシー種には、花色が白や紫の変種やその園芸品種があるほか、花弁の先端に黒い模様が入るマクラータ種も、ネモフィラとして栽培される。

見てみよう

ブルーのお花畑

大きな公園でネモフィラが大規模に栽培され、シバザクラやコスモスなどと並ぶ、観光名所となっている。茨城県の国営ひたち海浜公園（写真）が有名。

フデリンドウ

［筆竜胆］

Gentiana zollingeri

分類	リンドウ科リンドウ属
生活	越年草
草丈	6~9cm
花期	3~5月
分布	北海道~九州
生育地	草地、林など

筆のような、春の小さなリンドウ

春、林のふちや日当たりの良い草地などで見られる植物。地面近くに集まって、上向きに咲く花は愛らしい。葉は0.5～1.2cmと小さく、裏が紫色がかっていることが多い。花は袋のような形で、先が5つに分かれ、裂片《れっぺん》の間に少し突き出した「副片《ふくへん》」とよばれる部分があるのが、リンドウのなかまの特徴。雄しべが先に成熟して自家受粉を避ける性質があり、咲いたばかりの花では雄しべが中心に集まって、雌しべが見えないが、しばらくすると現れる。

近縁種

リンドウ

本州から九州に自生する多年草で秋に咲く。草丈は20～100cmほど。エゾリンドウやキリシマリンドウなど近縁種を含め鉢植えなどで栽培もされ、切り花でも出回る。

ワスレナグサ

[勿忘草]

Myosotis

分類	ムラサキ科ワスレナグサ属
生活	一年草、多年草
草丈	10～50cm
花期	4～5月
分布	ヨーロッパ原産
生育地	庭、公園など

サソリの尾のように、くるっと巻く花の付き方

「ワスレナグサ」は普通、ヨーロッパ原産のシンワスレナグサを指すが、園芸植物としては同属のエゾムラサキや、エゾムラサキとノハラワスレナグサの交配種などがよく栽培される。なかには野生化しているものもある。花色は青のほか、ピンクや白などもあり、花弁は5つに分かれ、真ん中に黄色や白色の「目」がある。「勿忘草」の名は、この花を摘もうとした男性が川に落ち、恋人に「私を忘れないで」と言い残して亡くなった、というドイツの伝説に由来する。

見てみよう

くるっと巻く花のつきかた

花の並び方はサソリ形花序とよばれる特徴ある形で、最初はサソリの尾のようにくるりと巻いているが、花が開くにつれて、まっすぐになる。

デルフィニウム

Delphinium

分類	キンポウゲ科オオヒエンソウ属
生活	一年草、多年草
草丈	20~150cm
花期	4~6月
分布	ヨーロッパ、アジア、アフリカ等の山岳地帯原産
生育地	庭、公園など

平らに開いた花が集まりボリュームたっぷり

まっすぐのびる茎の先に、平らに開いた花が、茎を取り囲むように穂になってつき、ボリュームのある姿になる。5枚の花弁のようにみえるものはがく片で、その一部は後ろにのびて、長い「距《きょ》」になっている。本当の花弁は、花の中心部の小さく突き出た部分で、「bee（ハチ）」などとよばれている。デルフィニウム属の原種は世界に200種以上あり、そのなかのいくつかの種を交配して、多数の園芸品種が作られた。まばらに花がつく系統もある。

見てみよう

花びらのようながく

デルフィニウムの花弁に見える部分は実際にはがく片。本当の花弁はその中心にある、雄しべを包むようにつく2枚の小さな部分。

アゲラタム

別名：オオカッコウアザミ

Ageratum houstonianum

分類	キク科カッコウアザミ属
生活	一年草、多年草
草丈	15~80cm
花期	5~10月
分布	熱帯アメリカ~南アメリカ原産
生育地	庭、公園など

アザミのようなふさふさの花

青紫やピンクの、ふさふさした花（頭《とう》花《か》）が集まってつき、独特の姿になる。葉は卵形。本来多年草だが、日本では一年草として栽培される。草丈が15～20cm程度の小さいものから、80cmほどと大きく育つものまでいろいろな種がある。丈夫で、晩春から秋までの長い期間、次々に花が咲くため、花壇やプランターなどでよく栽培される。主に利用されるのはこのオオカッコウアザミと、近縁のカッコウアザミで、多くの園芸品種があり、花の色は白などもある。

関連種

ユーパトリウム

アゲラタムと似た、ふさふさした花を咲かせるが、近縁ではなく別属の植物。葉は卵形に近い三角形で、葉のふちには粗いぎざぎざがある。

ルリマツリ（プルンバゴ）

Plumbago auriculata

分類	イソマツ科プルンバゴ属
生活	常緑樹
樹高	1.5m
花期	5~11月
分布	南アフリカ
生育地	庭など

明るい空色の花が爽やか

漏斗《ろうと》のような形の、爽やかな空色の花が集まってつく。花冠《かかん》の先は5つに分かれ、花弁が5枚あるように見える。葉は楕円形で、枝に互い違いにつく。初夏から秋までの長い期間、次々に花が咲き、また丈夫で成長力も旺盛な植物で、近年目にすることが多くなった。半つる性で、枝先が少し垂れてのびる性質があるため、フェンスなどに沿わせて栽培され、葉や花がフェンスを覆うように茂る様子が見られる。花の色は青のほか、白や青色が濃い園芸品種もある。

触ってみよう

がくは ベタベタ

がくの上の方に、長い柄のある腺があって、ここから粘性のある物質を出している。そのため、指で触るとややベタベタする感触がある。

ツユクサ

［露草］

Commelina communis

分類	ツユクサ科ツユクサ属
生活	一年草
草丈	30～50cm
花期	6～9月
分布	全国
生育地	道端、草地など

3段階の念入りな受粉対策

道端や庭のすみなど、身近な場所で見られる。茎はよく枝分かれして、節から根を出して増えるため、空き地などで生い茂っていることがある。舟のような苞《ほう》から顔を出すように花が咲く。花弁は3枚あり、ゾウの耳のような形の青い大きな2枚が目立つ。雄しべのうち、黄色く目立つ3本は花粉を出さない仮雄しべで虫の目印となり、長い2本が花粉を出す。両性花《りょうせいか》はつぼみの段階で自家受粉し、花を閉じる際、雌しべと雄しべがくるくる巻いて再度自家受粉する。

触ってみよう

体に良い「ツユクサ茶」

ツユクサは食用になり、また乾燥させたものは、「ツユクサ茶」としても利用できる。解熱、むくみ解消、下痢止めなどの薬効があるとされる。

アガパンサス

別名：ムラサキクンシラン

Agapanthus

分類	ヒガンバナ科アガパンサス属
生活	多年草
草丈	30～150cm
花期	6～7月
分布	南アフリカ原産
生育地	庭、公園など

とがった剣の間から、高くのびる花茎《かけい》

細長い剣のような葉が株状に集まってつき、長い花茎の先に傘のように集まって花が咲く。アガパンサス属は20種ほどあり、園芸品種も多数ある。花の形はユリのようなラッパ形のものや、星形のものなど、種によってさまざま。公園や街中の植え込みなどでは、葉が茂って大きな株になり、花茎を1m近くまでのばすダイナミックな姿の、アガパンサス・プラエコクスの園芸品種をよく見かける。草丈が30cmくらいの小型種も栽培される。

見てみよう

ユリのような花

集まってつく花の一つひとつは、ユリのようなラッパ形。この奥にある蜜を吸うために、口吻《こうふん》が長いチョウなどが花を訪れる。

ニホンズイセン

［日本水仙］　別名：スイセン
Narcissus tazetta var. *chinensis*

分類	ヒガンバナ科スイセン属
生活	多年草
草丈	20～40cm
花期	12～4月
分布	地中海沿岸地域
生育地	海岸、庭、公園など

ラッパのような副《ふく》花《か》冠《かん》がある

スイセンのなかまには30種ほどがあり、園芸品種も数多い。「ニホンズイセン」とよばれるスイセンは、フサザキスイセンの変種で、古い時代に中国を経由して、日本に入ってきたといわれる。西日本の海岸などに野生で生えるほか、栽培もされ、切り花としても流通している。クリーム色の花《か》被《ひ》片《へん》の中央に、黄色いコップのような副花冠がある。この副花冠が目立つのが、スイセンのなかまの大きな特徴。花は5～7個並んでつく。葉は白っぽい粉を帯びて見える。

かいでみよう

上品な甘い香り

花にはよい香りがあり、ジャスミンやヒヤシンス、ロウバイなどの香りに似ているといわれる。種によって香りが異なり、ニホンズイセンは香りが強め。

スイセンのなかま

フサザキスイセン

ニホンズイセンの母種で、広義ではニホンズイセンもフサザキスイセンに含まれる。1本の花《か》茎《けい》に複数の花をつけるのが特徴。花弁は水平に開き、反り返らない。副花冠まで真っ白なものや八重咲き(左ページ右下写真)なども。

ラッパズイセン

イベリア半島、フランス原産。副花冠が長くて大きく、よく目立つのが特徴。花は1本の花茎に1輪咲く。色はよく見られる黄色のほか、白、また花被片が白で副花冠が黄色やオレンジなどさまざまで、数多くの園芸品種がある。

クチベニズイセン

スペイン〜ギリシャ地方原産。副花冠のふちが赤みがかっているため、「口紅」の名でよばれる。1本の花茎に1〜2輪の花が咲く。ギリシャ神話に出てくる逸話で、ナルキッソスが姿を変えたのが、このスイセンといわれる。

キズイセン

スペイン、ポルトガル原産。花被片も副花冠もあざやかな黄色で、副花冠は短くて小さい。また、葉が細いのも特徴。花には強い芳香がある。1本の花茎に3輪程度の花をつける。

アリッサム

別名：ニワナズナ

Lobularia maritima

分類	アブラナ科ニワナズナ属
生活	一年草（多年草）
草丈	3〜10cm
花期	10〜5月
分布	地中海沿岸原産
生育地	庭、公園など

可愛い小花から漂う甘い香り

秋のうちから花壇やコンテナなどに植えられ、冬から春にかけて、健気に咲き続ける。草丈は低く、花弁4枚のごく小さい花が、丸く集まってつく。花は株を覆うように密に咲き、広範囲に植えるとカーペットのようになる。葉は細長い。アリッサムとよばれるのは普通、ロブラリア属のマリティマ種という植物。花の色は白のほか、ピンク、紫、淡いオレンジなどがある。暑さに弱く、普通は一年草扱いだが、耐暑性のあるスーパーアリッサムという園芸品種もある。

かいでみよう

スイートな春の香り

アリッサムの花に顔を近づけると、ほのかに甘い香りを感じる。英名のスイートアリッサムはこの香りが由来で、日本でも、この名前でよばれることが多い。

スノードロップ

別名：オオユキノハナ

Galanthus nivalis

分類	ヒガンバナ科マツユキソウ属
生活	多年草
草丈	5~30cm
花期	1~3月
分布	東ヨーロッパ原産
生育地	庭、公園など

寒空の下、滴り落ちる白いしずく

楕円形の白い花被片《かひへん》が下向きになり、首をもたげるように咲く姿には、「雪のしずく」を意味する名前がぴったり。まだ寒い2月頃から開花することも、名前の「スノー」のイメージに合う。草丈は低く、根元から、2～3本の細長い葉が出る。日本では主に、エルウェシー種が「スノードロップ」として親しまれているが、本来のスノードロップは、近縁のニバリス種で、こちらも栽培されている。秋に球根を植えて育てる多年草で、夏は葉が枯れて休眠する。

注意しよう

球根は有毒

ヒガンバナ科の植物には、ヒガンバナ（p.114）をはじめ、有毒植物が多い。スノードロップの球根にも毒があり、誤食するとめまい、嘔吐、下痢などを起こす。

ウメ

［梅］

Armeniaca mume

分類	バラ科アンズ属
生活	落葉樹
樹高	5~10m
花期	1~3月
分布	中国原産
生育地	庭、公園など

寒々しい風景に、春の気配を運ぶ

『万葉集』ではハギに次いで多く登場する。花を鑑賞する花ウメと、果実の生産のための実ウメがあり、花ウメは野《や》梅《ばい》系《けい》、緋《ひ》梅《ばい》系《けい》、豊《ぶん》後《ご》系《けい》に分類される。葉より先に花が咲き、1つの節に基本的には2つの花がつく。花柄《かへい》がほとんどなく、枝に直接咲くように見える。数多くの園芸品種があり、色は白、紅、ピンクや、紅白の咲き分け、形は一重や八重、枝がしだれるものなど、さまざまな種がある。開花期は早咲きから遅咲きまで、品種によって異なる。

生き物とのつながり

ウメにウグイス？

「梅に鶯《うぐいす》」は、取り合わせがよいことの例えで、花札や日本画の題材で知られるが、実際には滅多にない。メジロ（写真）やヒヨドリなどが吸蜜する姿を見ることが多い。

オガタマノキ

［招霊の木］　別名：ダイシコウ

Magnolia compressa

分類	モクレン科モクレン属
生活	常緑樹
樹高	20m
花期	2～4月
分布	本州～沖縄
生育地	山、海岸沿い、神社、公園など

神社によく植えられる神聖な木

千葉県以西の西日本に自生する樹木で、公園などで栽培もされている。神事に使われるため、神社に植えられることが多い。「招霊《おがたま》の木」は神の魂を招きよせる木という意味。葉は常緑で互い違いにつき、長さ8～12cmほどで厚みがある。表面にはつやがあり、裏には毛が生えて白っぽく見える。花は2～4月に咲き、直径3cm前後で芳香がある。がく片も花弁のように見え、合わせて12枚ある。果実は長く集まってつき、種子は赤い。

近縁種

カラタネオガタマ

樹高が3～5mほどと、オガタマノキより低く、庭でも栽培される。花期は5～6月で、花弁やがく片のふちが赤色なのが特徴。花にはバナナのような香りがある。

スノーフレーク

別名：オオマツユキソウ、スズランスイセン

Leucojum aestivum

分類	ヒガンバナ科スノーフレーク属
生活	多年草
草丈	20～45cm
花期	3～4月
分布	中央ヨーロッパ、地中海沿岸原産
生育地	庭、公園など

スズランを大きくしたようなベル形の花

細長い葉をすっと上向きにのばす姿はスイセン（p.246）に、下向きにぶら下がるベルのような花はスズラン（p.268）に似ているため、「スズランスイセン」ともよばれる。花は春に咲き、1つの花《か》茎《けい》に1～4個ほどの花が咲く。6枚の花《か》被《ひ》片《へん》がくっついて鐘形になり、それぞれの花被の先に、緑色の斑点があるのが特徴。秋に球根を植えると、葉は2月頃からのび出し、5月下旬ごろには枯れて休眠する。花がやや大きく咲く園芸品種もあり、開花期はやや遅め。

注意しよう

有毒な葉がニラに似る

スノーフレークは有毒植物で、誤って食べると嘔吐、頭痛などの症状が出る。葉がニラに似ていて、間違って食べた中毒例があるので要注意。

ハナニラ

［花韮］　別名：イフェイオン

Ipheion uniflorum

分類	ヒガンバナ科ハナニラ属
生活	多年草
草丈	15〜25cm
花期	3〜4月
分布	メキシコ、アルゼンチン原産
生育地	公園、庭、道端など

寒い時期から爽やかに咲く

明治時代に入ってきた園芸植物。細い葉と、星のような花が特徴的なので、Spring Starflower（春の星の花）という英名が付けられた。花被片《かひへん》は6枚で、中央にすじがある。花の色は白や紫がかった白のほか、青紫色の園芸品種などもある。その名のとおり、葉や球根からニラのようなにおいがするが、食べることはできない。地上に現れるのは春だけだが、地下の球根（鱗《りん》茎《けい》）で増える多年草で、とても丈夫な性質のため、野生化して公園や道端などに生えることも多い。

かいでみよう

ニラのようなにおい

ハナニラの葉や球根を傷つけると、ニラ（写真）のようなにおいがするが、食べられないので注意。花は葉とは違い、甘い香り。

ジンチョウゲ

[沈丁花]

Daphne odora

分類	ジンチョウゲ科ジンチョウゲ属
生活	常緑樹
樹高	1m
花期	2~4月
分布	中国・ヒマラヤ原産
生育地	庭、公園など

和風な香りで春を知らせる

ふわっと漂う香りに、春の訪れを感じさせられる。この香りが香木の沈香《じんこう》に、花が丁子《ちょうじ》(クローブ)に似ていることから「沈丁花《じんちょうげ》」と名付けられた。十字形の花が球状に集まってつく。花には花弁がなく、厚みのあるがく片が花弁のように見える。内側が白、外側が濃いピンクの花が一般的。葉はやや細長く、厚みがある。雄株と雌株があるが、日本で見られるものはほとんどが雄株で、果実はできない。芳香は良いが、花、枝葉、樹液など全体に毒があるので注意。

かいでみよう

離れていても感じる強い香り

ジンチョウゲの花の芳香はとても強く、香りで開花に気づくことも。この香りが香木の沈香(写真)に、花が丁子(クローブ)に似ていることが沈丁花の名の由来。

ハクモクレン

［白木蓮］　別名：ハクレン

Magnolia denudata

分類	モクレン科モクレン属
生活	落葉樹
樹高	15m
花期	3～4月
分布	中国原産
生育地	庭、公園、街路樹など

上向きに咲く花は完全には開かない

早春、大きな白い花が上向きに咲く。花弁が完全に開かず、半分閉じたような咲き方で、華やかな香りがある。厚みのある花弁が6枚あり、花弁と似た形のがく片が3枚あるので、花弁が9枚あるように見える。雌しべがたくさんあり、そのまわりにたくさんの平たい雄しべがつく。葉は卵を逆さにしたような形で、先端が突き出ている。果実は上向きにつく。銀色の毛に覆われた冬芽は、南側の成長が早いため北に傾いてのび、この向きで方角がわかるという。

近縁種

シモクレン

花の色が濃い紫色。「モクレン」はこの種のこと。木の高さは3～5mで、よく枝分かれする。中国原産で、庭や公園などに植えられる。

1
2
3
4
5
6
7
8
9
10
11
12

ユキヤナギ

［雪柳］　別名：コゴメバナ

Spiraea thunbergii

分類	バラ科シモツケ属
生活	落葉樹
樹高	1~1.5m
花期	3~4月
分布	本州~九州
生育地	川岸、公園、庭など

枝に雪がつもったような姿

細い葉の付いた枝が弓のように垂れ下がった姿がヤナギに似ていて、小さな白い花が枝を覆うように多数つく様子が、雪が降り積もったように見えることから、「雪《ゆき》柳《やなぎ》」と名付けられた。名前はヤナギでも実際にはバラ科の低木。花は春に咲き、直径8mmほどで、花弁は5枚。葉は、互い違いにつく。庭や公園などによく植えられている身近な植物で、関東地方以西の西日本では、川岸などに野生でも生えている。花弁の外側がピンク色の園芸品種もある。

関連種

シモツケ

ユキヤナギと同じシモツケ属の植物で、本州～九州に自生するほか、庭や公園に植えられる。小さな花が集まって咲き、長い雄しべが目立つ。花色はピンクや白など。

アセビ

[馬酔木]

Pieris japonica

分類	ツツジ科アセビ属
生活	常緑樹
樹高	2~9m
花期	3~4月
分布	本州~九州
生育地	山、公園、庭など

小さな花が枝先に鈴なりに連なる

春に小さな壺のような形の花が、枝先で穂になって垂れ下がるように咲く。本州~九州の山の中などに自生する植物だが、庭や公園の植え込み、道路沿いなど身近な場所によく植えられている。花が咲く前に出る新芽は赤く美しい。

葉は互い違いにつくが、枝先に集まる。葉のふちには浅いぎざぎざがあり、両面とも毛はなくなめらか。花色は白のほか、ピンクや赤のものや、樹高が低く、細い葉をつけるヒメアセビなど、多くの園芸品種がある。

注意しよう

馬がふらつく毒

アセビを「馬酔木」と書くのは、毒のあるこの植物を馬が食べると、麻痺して酩酊《めいてい》状態になるからだという。手足の麻痺のほか、嘔吐、下痢などをひきおこす。写真はアセビの果実。

コブシ

［辛夷］　別名：ヤマアララギ、ヒキザクラ

Magnolia kobus

分類	モクレン科モクレン属
生活	落葉樹
樹高	5~8m
花期	3~5月
分布	北海道~九州
生育地	林、公園、庭、街路樹など

早春の林や公園で白い花を枝いっぱいにつける

春早くから、芽吹く前の枝に白い花をたくさんつけ、林の中で目をひく。公園樹や街路樹としても植えられる。花弁は6枚で、花の付け根に小さな葉が一枚ついている。花にはさわやかな芳香がある。葉は卵を逆さにしたような形で、ふちが波打ち、先端が少し突き出ている。秋に実る、赤みのある果実の形が握りこぶしに似ていることが和名の由来。果実は熟すと割けて、赤い種子が粘り気のある糸で吊り下がった状態になる。冬芽にはやわらかい毛がある。

見てみよう

糸で吊り下がる種子

ごつごつした果実は熟すと割けて、赤い種子が出てくる。やがて種子が白い糸で吊り下がる。なかなか鳥に食べられないが、カラスやヒヨドリなどは食べる。

ノースポール

別名：カンシロギク、クリサンセマム

Leucanthemum paludosum

分類	キク科フランスギク属
生活	一年草
草丈	15~30cm
花期	11~5月
分布	北アフリカ
生育地	庭、公園など

一面真っ白に花をつけるので「北極」の名がついた

ノースポールは、レウカンセマム・パルドサムという植物の園芸品種の一つ。寒さに強く、冬から春にかけての花壇の花としては、メジャーな植物の一つ。パンジーやチューリップなど、色とりどりの花と並ぶと、メリハリのある景観となる。葉は細かく切れ込む。草丈はあまり高くならない。かつての属名であるクリサンセマムの名前でよばれることも多い。白い花（頭花）が株いっぱいにつく様子が、北極の風景を思わせることが名前の由来。

関連種

ムルチコーレ

かつて、ノースポールと同じ属のなかまだったが、現在は、コレオステプス属に分類されている。春に黄色の花を咲かせる。葉はへら形で、草丈は低い。

マーガレット

別名：モクシュンギク

Argyranthemum frutescens

分類	キク科アルギランセマム属
生活	常緑樹、多年草
樹高	30〜100cm
花期	3〜6月
分布	カナリア諸島原産
生育地	庭、公園など

木のようになった枝に切れ込んだ葉が特徴

茎や枝が木のように堅くなり、枝分かれしてのびる。葉は細かく切れ込む。白い花（頭《とう》花《か》）で、花の真ん中（筒《とう》状《じょう》花《か》）が黄色いものがよく知られているが、黄や赤、ピンクなどの花色や、筒状花が盛り上がる「丁《ちょう》子《じ》咲き」など、さまざまな園芸品種がある。マーガレットの名は、ギリシャ語の「真珠」に由来し、白く美しい花から名付けられたと考えられている。木のようになる、春菊に似た葉の植物という意味で、モクシュンギクともよばれる。

触ってみよう

木のように堅い茎

マーガレットの茎は、大きく生長すると根元の方から木のように堅くなる。多年草だが、木と草の中間のような植物といえる。

ジャーマンカモミール

別名：カミツレ

Matricaria chamomilla

分類	キク科シカギク属
生活	一年草
草丈	30~60cm
花期	5~7月
分布	ヨーロッパ、西アジア原産
生育地	庭など

入浴剤に、ハーブティーにと人気のハーブ

カモミールの名は、ギリシャ語の「大地のリンゴ」という意味の言葉に由来している。これは、白い花にリンゴのような香りがあるため。花はハーブやアロマオイル、民間薬などに利用されている。花は咲き進むにつれて、真ん中の黄色い部分が盛り上がり、周りの白い舌《ぜつ》状《じょう》花《か》の花弁が、垂れ下がったような形になる。葉は魚の骨のように、細く切れ込む。カモミールと名の付く植物にはほかに、ローマンカモミールがあるが別のなかま(カマエメルム属)。

やってみよう ハーブを作ろう

ジャーマンカモミールを育てたら、花を摘んで洗い、1週間ほど乾燥させるとドライハーブになる。ハーブティや入浴剤などで、香りを楽しめる。

ナズナ

[薺]　別名：ペンペングサ

Capsella bursa-pastoris

分類	アブラナ科ナズナ属
生活	越年草
草丈	10～40cm
花期	3～6月
分布	全国
生育地	道端、畑など

春の七草の一つで食べられる

早春から道端、庭などで普通に見られる。茎の先に、小さな白い花が集まってつく。また、三味線のバチのような形をした若い果実が茎に並んでつく。これを三味線の音色になぞらえ、ペンペングサという別名が付けられた。根元に集まってつく葉には切れ込みが入るが、茎の途中につく葉は切れ込まない。春の七草の一つで、若い葉を七草がゆに入れて食べる習慣がある。昔から食用にされたほか、薬草としても利用され、利尿、便秘改善などに良いという。

聴いてみよう

音を鳴らそう

三角形の果実を少し下向きに引っ張り、茎を指でくるくる回すと、パチパチと音を鳴らして遊べる。

コゴメイヌノフグリ

［小米犬の陰嚢］

Veronica cymbalaria

分類	オオバコ科クワガタソウ属
生活	越年草
草丈	10～30cm
花期	3～4月
分布	南ヨーロッパ原産
生育地	道端、空き地など

花が白いイヌノフグリのなかま

南ヨーロッパ原産の帰化植物で、近年関東地方を中心にみられるようになった。道端や植え込みの中など、身近な場所に生える。花は白く、なかまのオオイヌノフグリ(p.237)と似た、花冠《かかん》が4つに分かれた形だが、大きさは直径6～7mmくらいで、オオイヌノフグリより少し小さめ。葉は丸みのある形でぎざぎざがある。茎や葉など全体に白い毛が生えている。茎は根元からよく枝分かれして広がる。同属で帰化植物のフラサバソウは、花がさらに小さい。

近縁種

フラサバソウ

ユーラシア大陸原産の帰化植物で、花の形はほかのイヌノフグリのなかまに似ているが、花の大きさは3～4mmと小さく、色は白に近い淡い青色。

オーニソガラム（オオアマナ）

Ornithogalum umbellatum

分類	キジカクシ科オオアマナ属
生活	多年草
樹高	10~20cm
花期	4~5月
分布	ヨーロッパ、アジア原産
生育地	庭、道端など

花の形から英名では「ベツレヘムの星」とよばれる

花《か》被《ひ》片《へん》6枚の星のような花と、細長い葉が特徴のオーニソガラムのなかまは、世界に100種ほどが分布する。直径2.5cmほどの花が咲くこのウンベラツム種（オオアマナ）のほか、黒く短い雄しべが花の真ん中にあるアラビカム種（クロボシオオアマナ）が以前から栽培されていた。近年、花被片の先端がとがる小さい花が多数、穂になってつくシルソイデス種、また白ではなく黄やオレンジの花が咲くダビウム種などが普及し、植えられるようになった。

見てみよう

野生化して帰化植物に

オーニソガラム・ウンベラツム（オオアマナ）は、球根（鱗《りん》茎《けい》）が子球をつくって増える。繁殖力が旺盛で、近年では野生化し、公園や道端、土手などでも見られる。

コハコベ

［小繁縷］　別名：ハコベ

Stellaria media

分類	ナデシコ科ハコベ属
生活	越年草
草丈	10~30cm
花期	3~9月
分布	全国
生育地	道端、田のあぜ、畑など

花弁は5枚だが、10枚に見える

道端や田のあぜ、庭のすみなどで普通にみられる。花は小さく、5枚の花弁がそれぞれ深く切れ込んで、10枚の花弁があるように見える。花弁はがく片より短く、がく片には毛が生えている。茎はやわらかく、葉は茎に向かい合ってつく。よく似たミドリハコベとは、種子の突起がとがっていないことで区別できるが、肉眼ではわかりにくい。茎が赤みがかったものが多いことも見分けのポイントとなるが、緑色のものもある。春の七草の[illegible]つで、食用になる。

近縁種

ウシハコベ

全体にほかのハコベ類より大きめ。雌しべの花《か》柱《ちゅう》が5個ある（コハコベ、ミドリハコベは3個）。ミドリハコベはコハコベと似るが、茎が緑色で、種子にとがった突起がある点が異なる。

1
2
3
4
5
6
7
8
9
10
11
12

オランダミミナグサ

［和蘭耳菜草］
Cerastium glomeratum

分類	ナデシコ科ミミナグサ属
生活	越年草
樹高	10～60cm
花期	4～5月
分布	ヨーロッパ原産
生育地	道端、草地など

毛が多くふわふわとした春の花

ヨーロッパ原産の帰化植物で、秋に芽を出してそのまま冬を越し、翌年春に開花する越《えつ》年《ねん》草《そう》。道端や空き地、庭、花壇のすみなど、日当たりの良い場所に生え、身近な場所で見かける機会が多い。花の色は白く、細い花弁が5枚ある。花弁の先が深く切れ込んでいるのが特徴。日本国内には、近いなかまで在来種のミミナグサが自生するが、数は少なくあまり見られない。ミミナグサは、葉がネズミの耳に似ていることから「耳《みみ》菜《な》草《ぐさ》」と名付けられた。

触ってみよう

フワフワとした葉

オランダミミナグサは全体に毛が多く、葉を触ると、やわらかくフワフワとした感触がある。

シャガ

［射干］

Iris japonica

分類	アヤメ科アヤメ属
生活	多年草
草丈	30～70cm
花期	4～5月
分布	本州～九州
生育地	林、庭、公園など

花弁のふちはふさふさ、英名はフリンジアイリス

林の中で、淡い白紫色の花が群生する様子が見られる。庭などに植えられることも多い。常緑性で、冬でも緑色の葉が残る。地下茎《ちかけい》をのばして増え広がるため、グラウンドカバーにも利用されている。花《か》茎《けい》が枝分かれして、その先に花をつける。花弁にみえる外花被片《がいかひへん》はフリンジのように細かく切れ込み、黄色い斑点を囲むように、濃い紫色の模様がある。雌しべも細かく切れ込んだ花弁のように見える。中国原産といわれ、日本で見られるものは種子ができない。

見てみよう 虫をよぶための模様

シャガの外花被（がく片にあたる部分）にある模様は、昆虫に蜜のありかを知らせる目印（蜜標）。ただし日本で見られるものは三倍体のため、種子はできない。

ドイツスズラン

［独逸鈴蘭］　別名：キミカゲソウ

Convallaria majalis

分類	キジカクシ科スズラン属
生活	多年草
草丈	15～30cm
花期	4～5月
分布	ヨーロッパ原産
生育地	公園、庭など

ヨーロッパでは幸せをよぶ花として愛される

縦にすじが入った大きな2枚の葉の間からのびた花茎《かけい》に、小さな鈴のような白い花がいくつもぶら下がった姿が愛らしい。花壇や鉢植えで栽培されるのは主にこのドイツスズランで、花は白のほかピンクもあり、八重咲きや、葉に斑《ふ》が入る園芸品種もある。花にはスッキリとした香りがある。この香りは「ミュゲ」とよばれ、香料を調合する元になる三大フローラルノートの一つだが、香水などでは人工的に合成される。全草に強い毒があるので要注意。

近縁種

スズラン

日本の在来種で、主に北海道や本州中部以北の高原に自生している。ドイツスズランより少し花が小さめで、花茎が葉の長さより短いことで見分けられる。

ドウダンツツジ

[灯台躑躅]

Enkianthus perulatus

分類	ツツジ科ドウダンツツジ属
生活	落葉樹
樹高	1〜3m
花期	4月
分布	本州〜九州
生育地	山地、庭、公園など

たくさんの小さな白い花が満点の星のよう

春、白い小さな壺形の花が、ぶら下がるように枝いっぱいに咲く。この姿を夜空に散らばる星々に見立て「満点星躑躅《つつじ》」と漢字表記された。和名は、葉や花芽が出る前、枝分かれした細い枝の先に赤い冬芽がつく様子が、昔の燈《とう》明台《みょうだい》に似ていることから、「燈台《とうだい》ツツジ」が転じたものという。葉は小さめで先がとがり、枝先に集まってつき、秋には真紅に紅葉する。庭や公園に植えられ、刈り込んで生け垣などにも用いられる。自生では西日本の山地に生える。

近縁種

サラサドウダン

北海道〜本州の山地に自生する植物で、庭などで栽培されている。ドウダンツツジに似ているが、花に濃いピンクのすじが入り、花冠《かかん》の先端はピンク色をしている。

サンザシ

［山査子］　別名：メイフラワー

Crataegus cuneata

分類	バラ科サンザシ属
生活	落葉樹
樹高	2~3m
花期	4~5月
分布	中国原産
生育地	庭など

果実は健康食品として知られる

日本へは江戸時代に薬用植物として渡来した。現在は庭などに植えられるほか、盆栽にされることもある。春に枝先に、白い花が5個前後集まってつく。丸い5枚の花弁が特徴的。雄しべの葯《やく》は咲き始めが紅色で、だんだん茶色っぽくなる。葉は3～5つに切れ込み、不揃いのぎざぎざがある。枝にはとげがある。長い柄がある赤い球形の果実が実り、生薬や健康食品に使われたり、果実酒やジュース、ドライフルーツなどに加工されたりする。

食べてみよう

サンザシの果実

サンザシの果実は、果実酒やジュースなどに加工することができる。もともと薬用として導入された植物で、健胃、整腸などの効果があるという。

ハゴロモジャスミン

Jasminum polyantham

分類	モクセイ科ソケイ属
生活	半常緑樹
樹高	2m
花期	4~5月
分布	中国原産
生育地	庭、公園など

くらくらするほどの強い香り

フェンスやアーチなどに絡んで育つ、つる性の植物。花の時期には、周囲に甘い香りを漂わせる。人によっては強烈と感じてしまうほど、香りが強い。花期は春で、つぼみの時の花色はピンク、花が開くと花冠《かかん》の外側はピンク、内側は白色をしている。花の形は筒形で、先端は平らに開き、5つに裂けて花弁5枚に見える。葉は細長い小葉が羽状に並んでつく。ジャスミンティーなどに使われるのはこの植物ではなく、マツリカという同じソケイ属の別種。

関連種

カロライナジャスミン

ジャスミンの名がつくが、ゲルセミウム科で別のなかま。香りのよい黄色い花が咲くが、全体に毒があるので、飲用などに使うことは厳禁。

トベラ

［海桐］

Pittosporum tobira

分類	トベラ科トベラ属
生活	常緑樹
樹高	2~3m
花期	4~6月
分布	本州~沖縄
生育地	海岸沿い、庭、公園、道路沿いなど

堅いへらのような葉が放射状につく低木

暖かい地域の海岸沿いに生える植物で、庭や公園、道路沿いの植え込みなどでよく栽培されている。葉は枝の上の方に集まってつき、へらのような長い楕円形で厚みがあり、ふちが反り返る性質がある。枝や葉には独特の臭いがあり、節分にこの枝を扉に挟んで魔除けにしたことから「扉の木」がなまって和名が付けられたという。5枚の花弁がある小さな花が集まって咲き、良い香りがする。花は開花した時は白いが、だんだん黄色に変化する。雄株と雌株がある。

1 2 3 4 5 6 7 8 9 10 11 12

見てみよう

小さいザクロのような果実

トベラの果実は球形で、熟すと3つに裂けて、中から果実に似せたような赤いネバネバした種子が出てくる。これが鳥のくちばしや体にくっついて運ばれるという。

シャリンバイ

［車輪梅］

Rhaphiolepis indica var. umbellata

分類	バラ科シャリンバイ属
生活	常緑樹
樹高	2~6m
花期	5月
分布	本州~九州
生育地	海岸沿い、公園、庭など

車輪状につく枝に、ウメのような5弁花

枝が車輪のスポークのように放射状に出ることと、ウメのような花弁5枚の花が咲くことから「車輪《しゃりん》梅《ばい》」と名付けられた。暖かい地域の海岸沿いに生える植物だが、公園や道路沿いの植え込み、垣根などによく植えられている。葉は枝先に集まってつき、楕円形で厚みとつやがある。直径1~1.5cmほどの白い花が集まって咲き、花の後、黒紫色の丸い果実が実る。葉の先が丸いマルバシャリンバイや、花がピンク色のベニバナシャリンバイもよく栽培される。

やってみよう

草木染め

本種の樹皮は、奄美大島の伝統工芸品である大島紬《おおしまつむぎ》の染料として欠かせない材料。一般的な草木染めにも使える。媒《ばい》染剤《せんざい》によるが、赤みがった褐色に染まる傾向がある。

トチノキ

［栃木］
Aesculus turbinata

分類	ムクロジ科トチノキ属
生活	落葉樹
樹高	25m
花期	5月
分布	北海道〜九州
生育地	山地、公園など

大きな葉と円錐状につく白い花

葉は手のような形で5〜7枚に分かれ、1枚が長さ15〜40cmと大きい。葉のふちにはぎざぎざがあり、すじが目立つ。大きく育つ木で、公園などに植えられる。5月頃、枝先に白い花が円錐状に集まって上向きにつく。花弁は4枚で、雄しべが花の外に突き出て目立つ。花の奥は濃いピンク色。果実は熟すと3つに裂け、中からクリのような種子が出てくる。樹高が低いセイヨウトチノキや、花がピンク色のベニバナトチノキも街路樹によく使われる。

触ってみよう

ベタベタの冬芽

冬には赤茶色の冬芽が目立ち、触るとベタベタと指がくっつくような感触。このベタベタで、寒さや乾燥、食害から新芽が守られているとされる。

ハリエンジュ

［針槐］　別名：ニセアカシア

Robinia pseudoacacia

科名	マメ科ハリエンジュ属
生活	落葉樹
樹高	15m
花期	5~6月
分布	北アメリカ原産
生育地	公園、道路沿い、山地、川沿いなど

連なってつく白い花は甘い香り

楕円形の小葉《しょうよう》が羽状《うじょう》に並んだ葉と、連なってぶら下がるようにつく白い蝶形の花の組み合わせがさわやかで、街路樹や公園樹として植えられるほか、かつては緑化のために山地にも植えられた。小葉は先が少しへこんだ形。花には甘い香りがあり、ハチミツの蜜源として、養蜂で利用される。果実はマメの形で、長さは5～10cmほど。北米原産の樹木で、近年河川敷などで野生化、旺盛に繁殖して分布を広げているので、環境省によって産業管理外来種に指定されている。

見てみよう

隠れている冬芽

ハリエンジュには名前のとおりとげがあり、葉が落ちたあと、とげが角に、葉の痕が顔のようにそれぞれ見える。冬芽は葉痕の内側に隠れている。

ノイバラ

［野茨］
Rosa multiflora

分類	バラ科バラ属
生活	落葉樹
樹高	2m
花期	5～6月
分布	北海道～九州
生育地	川沿い、草地、道端など

素朴な野生のバラ

北海道から九州まで、日本国内に広く野生で生えているバラのなかまで、荒れ地や河川敷など、身近な場所で見られる。周りのものにもたれかかるように幹がのび、丈が低いうちは、草のように見えることもある。葉は小葉《しょうよう》が羽状《うじょう》に並んでつく。枝には鋭いとげが多い。5～6月頃に枝先に集まって咲く花は、白い一重咲きで花弁は5枚あり、中央に黄色い雄しべがたくさんある。花には良い香りがある。果実は球形で赤く、直径6～9mmくらい。

近縁種

テリハノイバラ

バラのなかまで、本州～沖縄までの山野や川原、海岸などに自生する。ノイバラによく似ているが、葉につやがあり、花は大きめで数が少ない。

ピラカンサ（トキワサンザシ）

別名：ピラカンサス

Pyracantha coccinea

分類	バラ科トキワサンザシ属
生活	常緑樹
樹高	2~6m
花期	5~6月
分布	西アジア原産
生育地	庭、公園など

真っ赤な果実だけでなく花にも注目

秋、枝からこぼれ落ちそうなほどにびっしりと、赤い果実が実る姿のほうが印象が強いが、5～6月頃には直径8mmほどの白い小さな花が、枝の先に集まってつく。枝にはとげがある。葉は長さ2～4cmほどと小さめで、先が丸く、ふちには細かいぎざぎざがある。果実の先端にはがく片が残り、小さなトマトのように見える。「ピラカンサ」と総称される植物には、このトキワサンザシのほかに、葉がやや細く、果実がオレンジ色のタチバナモドキがある。

生き物とのつながり

ピラカンサの果実はまずい？

ピラカンサの果実は、鳥にあまり食べられない。まずいから、毒があるからなど諸説あるが、晩冬にはムクドリやヒヨドリ、オナガ（写真）などが食べる。

ユズ

［柚子］
Citrus junos

分類	ミカン科ミカン属
生活	常緑樹
樹高	4～6m
花期	5～6月
分布	中国原産
生育地	庭など

白い花はミカンのなかまに共通

ミカン類のなかでは寒さに強く、庭木として植えられる。冬に実る果実は料理用やユズ湯などさまざまに利用できるが、5～6月頃咲く花も控えめながら美しい。花弁は5枚で、雄しべがくっついて筒のように見える。枝には鋭いとげがある。葉は厚みがあり、葉の柄の部分にひれのような「翼《よく》」がある。このような花や葉の特徴は、ほかの柑橘類のなかまにもほぼ共通している。ミカン属では、ほかにナツミカンやキンカンなども、よく庭に植えられている。

生き物とのつながり

アゲハの幼虫の大好物

アゲハ類には、ミカン科の植物を食草とするものが多い。柑橘類には、ナミアゲハ、クロアゲハなどのチョウが飛んできて産卵し、幼虫が葉を食べる。

エゴノキ

［萵苣木］　別名：チシャノキ

Styrax Japonica

分類	エゴノキ科エゴノキ属
生活	落葉樹
樹高	7~15m
花期	5~6月
分布	北海道~沖縄
生育地	林、公園など

枝いっぱいに吊り下がる白い花

雑木林などで普通に見られる樹木。晩春から初夏にかけて、真っ白な花がたくさん、長い柄で下向きにぶら下がる。この花の美しさから公園などにも植えられるほか、庭で栽培されることもある。花は花冠《かかん》が5つに裂け、先端がややとがっている。内側には黄色い雄しべが目立つ。樹皮は紫褐色でなめらか。葉は先がとがった楕円形。花が終わると、長い柄のある果実がぶら下がる。果実は有毒で、かつては魚毒漁法に使われた。花がピンクの園芸品種もある。

やってみよう

泡がブクブク、石鹸がわり

果実の皮には、エゴサポニンという物質が含まれ、すりつぶして水に入れると、石鹸のように泡立てることができる。かつては洗濯にも使われた。

オオデマリ

［大手毬］　別名：テマリバナ

Viburnum plicatum var. *plicatum*

分類	レンプクソウ科ガマズミ属
生活	落葉樹
樹高	1~3m
花期	5~6月
分布	本州
生育地	庭、公園など

ボールのように花が集まる

別名の「手《て》鞠《まり》花《ばな》」が表すように、小さな白い花がボール状に集まって咲き、真っ白なアジサイのようにも見えるが、アジサイとは別のなかま。花《か》冠《かん》は5つに裂け、花弁5枚に見える。この花はすべて装《そう》飾《しょく》花《か》で、果実はできない。枝は水平にのびることが多く、特徴的な樹形になる。葉は丸みのある形で、葉脈が目立ち、ふちにぎざぎざがある。山の川沿いなどに生えるヤブデマリは、オオデマリの野生型で、両性花と装飾花が集まって咲くため、果実ができる。

関連種

コデマリ

オオデマリと関係がありそうな名前だが全く別で、ユキヤナギ(p.256)などと同じシモツケ属。長く垂れ下がった枝に、小さな白い花が丸く集まって並ぶようにつく。

ハコネウツギ

［箱根空木］

Weigela coraeensis

分類	スイカズラ科タニウツギ属
生活	落葉樹
草丈	4m
花期	5~6月
分布	本州~九州
生育地	海岸沿い、公園、庭など

3色の花が1つの木に咲く

白、ピンク、赤と、3色の花が、同時に枝先に集まって咲く様子がユニーク。これは花の色が白から赤へと変化していくため。海岸沿いなどに自生する植物で、庭や公園にも植えられる。花の形は漏《ろう》斗《と》形《がた》で、先が5つに裂けている。葉のふちには細かいぎざぎざがある。よく似たニシキウツギは、花の先端が本種ほど開かない。

スイカズラ

［吸葛］　別名：キンギンカ

Lonicera japonica

分類	スイカズラ科スイカズラ属
生活	半落葉樹
樹高	つる性
花期	5~6月
分布	北海道~九州
生育地	空き地、道端、庭など

白から黄色に変わるため「金銀木」とも

空き地や道端、林のふちなどに生え、庭などで栽培されることもある。茎はつる状になる。花は細長い筒状で、先端が大きく上下に裂けた独特の形。上の裂片《れっぺん》はさらに4つに切れ込み、下の裂片は細長い。花には芳香があり、咲きはじめは白いが、だんだん黄色に変わるため、「金銀花《きんぎんか》」ともよばれる。葉は楕円形で、果実は黒い球形。

シャスタデージー

Leucanthemum × superbum

分類	キク科フランスギク属
生活	多年草
草丈	50~80cm
花期	5~7月
分布	交配種
生育地	庭、公園など

大きな白い花と細長い葉が特徴

マーガレット(p.260)によく似た、白い花を咲かせる。葉は細長い形で、ふちにぎざぎざがあるが、細かく切れ込まず、また花期が晩春から夏である点などが、マーガレットとの違い。頭花《とうか》は花茎《かけい》の先に1つ咲き、直径5～10cmと大きめ。全体に毛は生えていない。冬の間は葉が放射状に広がって残る。花壇や鉢植えなどで栽培され、一重のほか、筒状花《とうじょうか》が発達して盛り上がる丁子《ちょうじ》咲きや、花弁が細いものなど、いろいろな園芸品種がある。

関連種

ハマギク

本州の茨城県以北の海岸に自生する植物。シャスタデージーは、このハマギクと、ヨーロッパ原産のフランスギクとを交配して作られた。花期は秋で、葉はへら形。

ハルジオン

[春紫苑]

Erigeron philadelphicus

分類	キク科ムカシヨモギ属
生活	多年草
草丈	30～100cm
花期	5～7月
分布	北アメリカ原産
生育地	草地、道端など

生活圏内で出会える身近な花

北アメリカ原産の帰化植物で、空き地や道端、線路沿い、庭、公園の雑草として、ごく普通に見られる植物。同属でよく似たヒメジョオンとの相違点は、茎が筒のように中空なこと、舌状《ぜつじょう》花《か》の花弁が糸のように細いこと、つぼみがうなだれることなど。また、葉が茎を抱くようについていることや、花の時期に根元の葉が残ることでも区別できる。名前のとおり、春から咲き始め、夏まで花がみられる。花色は、舌状花がピンクがかったものと、白いものがある。

近縁種

ヒメジョオン

北アメリカ原産。6月から10月頃まで咲く。茎は中が詰まっていて、舌状花の花弁はやや幅広い。上部の葉が茎を抱かないことや、花期に根元の葉が枯れることも違い。

シロツメクサ

［白詰草］

Trifolium repens

分類	マメ科シャジクソウ属
生活	多年草
草丈	10～30cm
花期	5～8月
分布	ヨーロッパ原産
生育地	草地、公園など

箱詰めで送られてきた草

家畜の飼料用に導入されたものが野生化した帰化植物。江戸時代にオランダからの荷物の緩衝材（詰め物）として渡来したことから、「白《しろ》詰《つめ》草《くさ》」と名付けられた。茎は地面を這うようにのび、長い花《か》茎《けい》の先に、白い蝶形の花がポンポンのように丸く集まってつく。葉は卵形の小葉《しょうよう》3枚に分かれる。葉の表面にはV字型の模様があることが多い。「四つ葉のクローバー」は、生長前の葉が踏みつけなどで傷つくことにより、突然変異を起こしてできたもの。

関連種

ムラサキツメクサ

シロツメクサに似た、紅紫色の花が咲く。小葉の1枚1枚が楕円形で、シロツメクサよりやや長く大きめ。茎は立ち上がってのびる。ヨーロッパ原産の帰化植物。

タマスダレ

［玉簾］　別名：ゼフィランサス

Zephyranthes candida

分類	ヒガンバナ科タマスダレ属
生活	多年草
草丈	20~30cm
花期	5~9月
分布	南アメリカ原産
生育地	庭、公園など

清楚な雰囲気の白花

春に球根を植えて育てる植物で、花壇や鉢植えで栽培される。葉は細長く、厚みがある。花は主に夏に咲く。1本の花茎《かけい》の先に1つの花がつき、花被片《かひへん》は6つに分かれている。つぼみの時は苞《ほう》に包まれ、それが開花後も花の下に茶色く残っている。同属のサフランモドキなどとまとめて「ゼフィランサス」という属名でよぶことがある。葉や球根は有毒で、特に葉は、ノビルなどの食べられるネギのなかまに似ているため、取り違えないよう注意が必要。

関連種

サフランモドキ

タマスダレと同属の植物。花がサフランに似ていることから名付けられた。葉は細長く、春から秋に、あざやかなピンク色の花を咲かせる。園芸品種もある。

1
2
3
4
5
6
7
8
9
10
11
12

テッポウユリ

［鉄砲百合］
Lilium longiflorum

分類	ユリ科ユリ属
生活	多年草
草丈	30~100cm
花期	3~6月
分布	九州~沖縄
生育地	海岸、庭、公園など

輸出もされている純白のユリ

純白の、長い漏《ろう》斗《と》形《がた》の花が横向きに咲く。花の長さは15～18cmほどで、1つの茎にたくさんの花がつく。この花の形が、昔のラッパ銃に似ていることから和名が名付けられた。沖縄などに自生するユリだが栽培がさかんで、明治時代から球根の輸出もされている。園芸品種も数多く、'ヒノモト'は切り花用によく流通するほか、庭植えにもされる。真っ白な花のイメージが強いが、最近はほかの種との交配で、黄色やピンクなどの園芸品種もある。

触ってみよう

ユリの花粉

ユリの葯《やく》は少し触っただけで花粉が指につき、洋服などにつくとなかなかとれない。これは花粉が粘着物で覆われているため。切り花では葯を取り除いてあることも多い。

ユリのなかま

スカシユリ

園芸種として「スカシユリ」とよばれるのは、アジアティック・ハイブリッド系ともよばれ、日本のイワトユリ（狭義のスカシユリ）やエゾスカシユリなどの交配で生まれた園芸品種群。黄色や赤などの暖色系が多く、上向きに咲く。

‘カサブランカ’

カノコユリやヤマユリなど、日本のユリをもとに改良された品種群であるオリエンタル・ハイブリッド系の園芸品種の一つ。純白の大きな花がうつむき気味に咲き、花被片《かひへん》は反り返る。豪華な印象で、切り花用や庭植えで栽培される。

ヤマユリ

本州の中部地方以北に自生するユリ。観賞用に栽培もされている。花被片の白い中に黄色いすじ模様があり、また赤茶色の斑点がたくさんある。大きな葯には赤茶色の花粉がたっぷり。鱗茎《りんけい》（球根）は食用になる。

オニユリ

北海道から九州まで分布するオレンジ色のユリ。草丈が高く、1mから、ときに2m近くなることも。花は横向きや下向きに咲く。花被片はくるりと反り返り、斑点が多い。茎に黒く丸いむかごができ、このむかごで増える。

ニチニチソウ

［日々草］　別名：ビンカ

Catharanthus roseus

分類	キョウチクトウ科ニチニチソウ属
生活	常緑樹、一年草
草丈	10~80cm
花期	5~10月
分布	熱帯地方原産
生育地	庭、公園など

夏の間、毎日のように、元気に花を開く

つやのある葉を茂らせ、花弁が5つに分かれた、ピンクや赤、白などの花を、夏の間次々に咲かせる。毎日花が咲くという意味で、「日《にち》日《にち》草《そう》」とよばれるようになった。花の中心に、赤や白、黄などの色がつくものが多い。原産地では低木になるが、日本では一年草として扱われる。草丈が低いタイプが花壇やプランターによく植えられているほか、草丈がやや高くなるタイプ、地面を這ってのびるタイプもある。ビンカともよばれるが、これは本来別のなかまの属名。

見てみよう　雄しべと雌しべ

ニチニチソウの雄しべと雌しべは外からは見えないが、花弁の付け根の少し膨らんだ部分に入っていて、その上は毛で覆われている。

キダチチョウセンアサガオ

別名：エンジェルストランペット

Brugmansia suaveolens

分類	ナス科キダチチョウセンアサガオ属
生活	常緑樹
草丈	1~3m
花期	5~11月
分布	熱帯アメリカ原産
生育地	庭、公園など

樹上からぶら下がるトランペット

別名のエンジェルストランペットの名のとおり、ラッパのような形の大きな花がぶら下がるように咲く姿にはインパクトがある。花色は白のほか、淡いピンクやオレンジなどがある。花の先は5つに分かれ、先端は反り返る。葉は大きな卵形で、果実にたくさんのとげとげがあるのも特徴的。よく似た植物にダチュラがあり、混同されていることも多いが、ダチュラは花が上向きに咲くことが違い。どちらも強い毒があるので、扱いには注意が必要。

関連種

ケチョウセンアサガオ

ダチュラのなかまの一つで、白い花が上向きにつき、葉は卵形で大きい。果実は、たくさんのとげで覆われている。全体に毒がある。

ユキノシタ

［雪の下］

Saxifraga stolonifera

分類	ユキノシタ科ユキノシタ属
生活	多年草
草丈	20～50cm
花期	6月
分布	本州～九州
生育地	岩場、庭など

昔から薬草として用いられている

湿った場所などに自生するほか、花壇や鉢植えでも栽培される。根元から、茎（ランナー）を出して増える。葉は根もとにつき、丸くて厚みがある。また表面の白いすじ模様が目立つ。花は白く、花弁の上3枚が短く、下２枚は長い、個性的な姿をしている。上の花弁には、赤と黄色の繊細な模様があり、放射状につく雄しべとも相まって、ユニークな花姿となる。「雪の下」の名の由来は、雪の下で葉が枯れずに残るから、白い花を雪に例えたなど諸説ある。

食べてみよう

ユキノシタの葉の天ぷら

ユキノシタの葉は食用にもなり、葉は天ぷらなどで食べることができる。サクサクした歯ごたえを楽しもう。

ドクダミ

[蕺草]

Houttuynia cordata

分類	ドクダミ科ドクダミ属
生活	多年草
草丈	15~30cm
花期	6~7月
分布	本州~沖縄
生育地	道端、住宅付近など

個性的な強い香りを放つ

建物の裏など、半日陰になる場所でよく見られる植物。葉や茎をちぎると独特の強い臭いがある。地《ち》下茎《かけい》をのばして、広範囲に群生する。葉はハート形で先がとがり、互い違いにつく。花は白い花弁が4枚あるように見えるが、これは総《そう》苞片《ほうへん》で、その真ん中に突き出た黄色い部分が、小さな花の集まり。このほか八重咲きや葉に斑《ふ》が入るものもあり、栽培もされる。葉などに薬効があり、民間薬として重宝されてきた。葉を乾燥させ、健康茶としても利用する。

かいでみよう

葉や茎の強い臭い

ドクダミの葉をもむと、青臭いような独特の臭いがする。たいていの人には嫌われる香りだが、なかにはこの臭いが好きだという人も。(写真は八重咲きの品種)

1
2
3
4
5
6
7
8
9
10
11
12

ナツツバキ

［夏椿］　別名：シャラノキ

Stewartia pseudocamellia

分類	ツバキ科ナツツバキ属
生活	落葉樹
樹高	10～20m
花期	6～7月
分布	本州～九州
生育地	山地、庭、公園など

薄くはがれる滑らかな樹皮と、白いツバキの花

庭や公園などによく植えられ、山地にも野生で生える。名前のとおり、ツバキに似て一回り小さい、直径5～6cmの白い花が初夏に咲く。花弁は5枚あり、花弁のふちにぎざぎざがある。花は一日で落ちてしまう。花の下に、がく片より短い苞《ほう》がある。葉はツバキとは違い落葉性で、長さ4～12cm。やや厚みがあり、枝に互い違いにつく。樹皮はすべすべとした感触で、ところどころはがれてまだら模様になるのが特徴的。果実は先がとがり、熟すと5つに裂ける。

近縁種

ヒメシャラ

ナツツバキによく似ているが、花は少し小さめで直径2cmほど。葉は長さ3～8cmで薄く、ナツツバキより小さめ。花の下の苞が、がく片より長いのも異なる。

クチナシ

［梔子］　別名：センプク

Gardenia jasminoides

分類	アカネ科クチナシ属
生活	常緑樹
樹高	1.5〜3m
花期	6〜7月
分布	本州（静岡県以西）〜沖縄
生育地	林、庭、公園など

離れたところからも気づく、濃厚な甘い香り

花期には濃厚な甘い香りを周囲に漂わせる。庭や公園などに植えられるほか、暖かい地域では林のふちなどに自生する。花は花弁が5〜7枚に裂け、雌しべはこん棒のように太くて長く、雄しべは垂れ下がっている。葉はつやがあり、葉脈部分が深くくぼんでいる。果実は楕円形で、先端にがく片がツノのように残っている特徴的な形。食品の色付けや染料などに使われる。果実が熟しても開かないことから、「口無し」の意味で和名が付けられたとされる。

やってみよう

草木染め

クチナシの果実を煮出した液で、草木染めをすることができる。木綿のハンカチやTシャツなどを染めてみよう。

アカンサス

Acanthus

分類	キツネノマゴ科ハアザミ属
生活	多年草
草丈	60~150cm
花期	6~8月
分布	地中海沿岸、熱帯アジア、熱帯アフリカ原産
生育地	庭、公園など

大きな葉を広げ堂々とした姿

羽状に深く切れ込んだ、つやのある葉が大きく広がり、重厚感がある佇まい。花《か》茎《けい》を長くのばし、穂になって花がつく。花の形は唇《しん》形《けい》だが、花《か》冠《かん》の上の裂《れっ》片《ぺん》は退化して、3つに裂けた下の裂片だけが見える。花弁にかぶさったがく片が紫などに色づき、花の色とのコントラストが楽しめる。花の付け根にはとげのある苞《ほう》がある。アカンサスのなかま(ハアザミ属)は50種ほどあり、大型のモリス種や、やや小型のスピノサス種が花壇によく植えられている。

見てみよう

建築のモチーフに

アカンサスはギリシャ建築のコリント様式のモチーフとして有名。皇居の二重橋の手前の、お濠沿いに設けられた柵にも、アカンサスがデザインされている。

ヨウシュヤマゴボウ

[洋種山牛蒡]

Phytolacca americana

分類	ヤマゴボウ科ヤマゴボウ属
生活	多年草
草丈	1~2m
花期	6~9月
分布	北アメリカ原産
生育地	道端、空き地など

ゴボウと名がつくが有毒

道端や空き地、花壇のすみなど、身近な場所で普通に見られる。太く赤みがかった茎が枝分かれして茂り、高さ1m以上にもなる。夏、小さな花が穂になってつく。白い5枚の花弁に見えるものはがく片で花弁はなく、中央の丸く膨らんだ雌しべが特徴的。葉は先がとがった、大きめの楕円形。全草に毒があり、食べると嘔吐、腹痛、下痢などを起こす。太い根や、紫色の果実は食べられそうに見えるが、根や果実の種子は特に毒性が強いので要注意。

見てみよう

果実の汁はインクのよう

花よりも、黒紫色の果実が房になってぶら下がっている姿が目立つ。果実をつぶすと紫色の汁が出て、指や洋服につくとなかなか落ちない。

ガウラ

別名：ハクチョウソウ、ヤマモモソウ

Gaura lindheimeri

分類	アカバナ科ヤマモモソウ属
生活	多年草
草丈	30～150cm
花期	6～10月
分布	北アメリカ原産
生育地	庭など

小さなチョウが群れ飛ぶような姿

4枚の花弁と長い雄しべのある花が、ひらひらと風に揺れる姿がチョウのように見えることから、「白蝶草《はくちょうそう》」という別名がある。花は白に加え、現在は濃いピンクや、花弁のふちが色づく覆輪《ふくりん》など、さまざまな園芸品種が生まれている。ピンク色の花は「山桃草《やまももそう》」ともよばれる。初夏から秋まで咲き、丈夫な性質で、近年花壇や屋外のコンテナなどによく植えられるようになった。*Gaura*という属名は、「堂々たる、可憐な」などの意味のギリシャ語に由来する。

見てみよう

野生化しているものも

チョウのような花を咲かせ、繊細な雰囲気があるが、丈夫で繁殖力が強い。野生化して川原などに生えているものをたまに見かける。

アベリア

別名：ハナゾノツクバネウツギ、ハナツクバネウツギ

Abelia × grandiflora

分類	スイカズラ科ツクバネウツギ属
生活	半落葉樹
樹高	1～2m
花期	5～10月
分布	中国原産
生育地	道路沿い、公園、庭など

都会の植え込みでは定番の植物

道路沿いや公園、マンションやオフィスの植え込みなど、多用途で盛んに植えられ、見かける機会が多い植物。よく枝分かれして、つやがある小さな葉が茂り、5月頃から、漏《ろう》斗《と》形《がた》の小さな白い花が枝先に集まってつく。花は晩秋の10月下旬頃まで次々に咲き、長期間花を楽しむことができる。花の付け根の、紫がかったプロペラのようながくが目立ち、花が落ちたあともしばらく残る。花色がピンクの'エドワード・ゴーチャー'や、葉に斑《ふ》が入る園芸品種もある。

生き物とのつながり

都会の虫たちのレストラン

アベリアは花期が長く、さまざまな昆虫たちが吸蜜する。オオスカシバやセセリチョウ類のほか、マルハナバチやアゲハ類などいろいろな昆虫が来る。

プルメリア

Plumeria

分類	キョウチクトウ科インドソケイ属
生活	常緑樹、落葉樹
樹高	0.5~10m
花期	6~10月
分布	熱帯アメリカ原産
生育地	鉢植えなど

ハワイのレイや髪飾りでおなじみ

ハワイでは女性の髪飾りやレイに用いられ、ハイビスカス(p.100)とともに、メジャーな熱帯花木の一つ。花冠《かかん》は5つに裂け、それぞれの裂片《れっぺん》がプロペラのように、少し斜めに重なるのが特徴。葉は大きくて長く、羽状《うじょう》の葉脈が目立つ。花弁が白く、中心部が黄色いオブツサ種のほか、ピンクや赤などの花を咲かせるルブラ種なども栽培され、園芸品種も多数ある。花には甘い香りがある。熱帯植物のため、日本では鉢植えや温室で栽培され、冬は室内で管理される。

注意しよう

樹液でのかぶれに注意

プルメリアの枝などを切ると出てくる乳液には毒性があり、触れるとかぶれを引き起こすことがあるため、手袋をして扱うなど注意が必要。

ペラペラヨメナ

［ペラペラ嫁菜］ 別名：ゲンペイコギク、エリゲロン

Erigeron karvinskianus

分類	キク科ムカシヨモギ属
生活	多年草
草丈	50cm
花期	5～11月
分布	中央アメリカ原産
生育地	河原、道端など

葉がぺらぺらの小さな花

園芸では「ゲンペイコギク」、「エリゲロン」などの名前でよばれて栽培されるが、野生化して道端のアスファルトのすき間などから生えていることもある。和名の「ペラペラ」は、葉の質が薄くぺらぺらなため。別名の「源《げん》平《ぺい》小《こ》菊《ぎく》」は、紅白の花が同じ株に混在することから。花は小さくて清楚な印象で、白からピンク色に変化する。

ハキダメギク

［掃溜菊］

Galinsoga quadriradiata

分類	キク科コゴメギク属
生活	一年草
草丈	15～60cm
花期	6～11月
分布	北アメリカ原産
生育地	道端、空き地、畑など

掃き溜めで見つかったキク

掃き溜めに生えていたからと、植物学者の牧野富太郎が命名したのがこの名前。北アメリカ原産の帰化植物で、道端や畑など身近な場所でよく見られる。頭花《とうか》はとても小さく、直径5mmほど。よく見ると、黄色の筒状花が中央に集まった周りに、先端に切れ込みのある白い舌状花《ぜつじょうか》が5枚、間隔をあけてまばらに並んでいる。

ワルナスビ

［悪茄子］

Solanum carolinense

分類	ナス科ナス属
生活	多年草
草丈	50~100cm
花期	6~10月
分布	北アメリカ原産
生育地	道端、空き地など

「ワル」の名はとげだらけの茎から

北アメリカ原産で、昭和初期に牧草に混じって入ってきたものが野生化した。花はナスのなかまに特徴的な星形で、雄しべの黄色い葯《やく》が太く大きい。茎にとげが多く、雑草化して庭や畑などに生えると、抜くのに一苦労するので、「悪《わる》茄子《なすび》」と名付けられた。根茎《こんけい》を長くのばして増える。葉は長めで、ふちに大きなぎざぎざがある。果実は直径1.5cmほどの球形で黄色い。見た目はナスというよりは、プチトマトに似ているが、毒性があるため食用にはならない。

見てみよう

ナスのなかまの花

ナスのなかま（ナス科）の花は、花冠《かかん》が星のように5つに裂け、その先がとがっている。また太くて長い雄しべの葯が、雌しべをつつむようにつくことも特徴。写真はツノナスの花。

ジャノヒゲ

[蛇の髭]　別名：リュウノヒゲ

Ophiopogon japonicus

分類	キジカクシ科ジャノヒゲ属
生活	多年草
樹高	10~40cm
花期	7~8月
分布	北海道~九州
生育地	林、庭、公園など

竜のひげのように、細長い葉が茂る

細長い葉の形をひげに見立てて名付けられた。林の下などに野生で生える植物だが、公園や庭などにもグラウンドカバーとしてよく植えられる。地面を這う枝をのばして増えていく。花は白または淡紫色で、下を向いてつく。果実が熟す前に果皮が外れてしまい、美しい瑠《る》璃《り》色《いろ》の種子が果実のように見える。‘玉竜’(チャボリュウノヒゲ)という園芸品種は葉が短めでびっしりとつき、よく植えられる。また、斑《ふ》入りなど、さまざまな園芸品種がある。

触ってみよう

種子のスーパーボール

ジャノヒゲの種子の皮をむくと出てくる白い部分は、ヤブラン(p.231)と同じように、硬いところに投げつけて、スーパーボールのように弾ませて遊べる。

ヨルガオ

［夜顔］

Ipomoea alba

分類	ヒルガオ科サツマイモ属
生活	一年草、多年草
草丈	つる性
花期	7～10月
分布	熱帯アメリカ原産
生育地	庭など

その名のとおり、夜に花開く

アサガオ（p.228）と同じなかまで、名前のとおり、夏の夜に白い花を開く。晩秋以降は、少し開花が早くなり、夕方ごろから咲き始める。花の大きさは直径15cmほどと大きく、良い香りがある。葉はハート形。つるはアサガオよりも丈夫で、家の垣根のフェンスなどに絡めて栽培されることもある。多年草だが寒さに弱く、日本では一年草として扱われる。「ユウガオ」とよばれることもあるが、本来のユウガオは別物で、かんぴょうの原料になるウリ科の植物のこと。

関連種

ユウガオ

ヨルガオやアサガオとは違い、ウリ科の植物。花が白く、夕方から咲く点はヨルガオに似ている。大きな果実をひも状にむいたものを加工して、かんぴょうが作られる。

クサギ

［臭木］

Clerodendrum trichotomum

分類	シソ科クサギ属
生活	落葉樹
樹高	3～9m
花期	8～9月
分布	北海道～沖縄
生育地	林のふち、川沿いなど

花も果実も、バイカラーで目立つ

雑木林のふちや川沿いなどに自生する植物。花は細長い筒形で、先が細く5つに裂け、花弁が5枚あるように見える。雄しべと雌しべは長く突き出す。花の付け根にあるがく片はピンク色で、花の時期にはつぼみのように丸く閉じている。花が終わるとがく片が開き、中心には瑠璃色《るりいろ》の果実が実る。このがく片と、花や果実との色のコントラストが美しく、目をひく。葉や枝に独特の強烈な臭いがあることが「臭木《くさぎ》」の名の由来だが、花は良い香りがする。

やってみよう

青色に染めよう

クサギの果実は、草木染めに用いることができる。媒染剤《ばいせんざい》を使用しなくても、青い色に染めることができるので、ほかの草木染めと比べて手軽に取り組める。

ヘクソカズラ

［屁糞葛］　別名：ヤイトバナ

Paederia foetida

分類	アカネ科ヘクソカズラ属
生活	多年草
草丈	つる性
花期	8～9月
分布	全国
生育地	草地、荒れ地、土手など

強烈な臭いを例えた命名

葉や茎をもむと青臭く、その強い臭いから「屁」「糞」と名付けられてしまった。茎はつる状になり、庭のフェンスなどに絡みついてのびることもある。花は細長い鐘のような形で、先が5つに裂けている。花弁は白く、花の中は紅紫色をしている。この色がついた様子が、お灸の痕に似ていることから「ヤイトバナ」という別名もある。葉は茎に向かい合ってつき、先がとがった卵形。果実は黄褐色でつやがあり、リースの飾りなどにも用いられる。

かいでみよう

強烈な臭い

その臭さから不名誉な名前を付けられたヘクソカズラ。そのままでは臭いを感じないが、茎や葉を切ったりもんだりすると、独特の臭いを確かめられる。

フジバカマ

［藤袴］

Eupatorium japonicum

分類	キク科ヒヨドリバナ属
生活	多年草
草丈	1~1.5m
花期	8~10月
分布	中国原産
生育地	川沿いなど

中国から渡ってきた、秋の七草の一つ

奈良時代に中国から渡来したといわれ、西日本の川沿いなどに自生する植物だが、あまり見られず、環境省のレッドデータで絶滅危惧種に指定されている希少種。園芸的に栽培されるフジバカマは、野草のフジバカマとサワヒヨドリの雑種のサワフジバカマなど、近縁の植物であることが多い。花は小さな筒状花《とうじょうか》が5つ集まって1つの頭花《とうか》になり、これがさらに傘のように集まってつく。葉は3つに深く裂け、乾燥させると桜餅のような香りがする。

かいでみよう

桜餅の香り

葉には、桜餅に用いられるオオシマザクラの葉と同じクマリンという成分が含まれる。生葉でも顔を近づけると、ほのかな香りを感じられることがある。

イヌホオズキ

［犬酸漿］

Solanum nigrum

分類	ナス科ナス属
生活	一年草
草丈	30〜60cm
花期	8〜10月
分布	全国
生育地	道端、畑など

果実も花も小さいナスのなかま

道端や庭のすみなどで普通に見られ、夏から秋にかけて、直径6〜7mmの小さな白い花を咲かせる。花の形はナスのなかまに特徴的な星のような形で、花弁は深く裂けて、反り返って咲く。そのため黄色い雄しべが突き出して見える。葉は三角形に近い卵形で、ふちにはゆるい波のようなぎざぎざがある。果実は丸く黒色で、直径0.7〜1cmと小さい。ナスに似ているが食用などの役に立たないことから、「犬」の名が付けられたといわれる。全草に毒がある。

注意しよう

全草に毒がある

ナスのなかまには、ナスやトマト、ピーマンなど食用になる植物もあるが、一方で強い毒のある植物も多い。このイヌホオズキも、有毒植物なので注意が必要。

スパティフィラム

Spathiphyllum

分類	サトイモ科ササウチワ属
生活	多年草
草丈	30～80cm
花期	9～5月
分布	熱帯アメリカ原産
生育地	庭、鉢植えなど

花弁のような仏炎苞《ぶつえんほう》が目立つ

白い大きな花弁のように見えるのは仏炎苞で、その中にある棒状のものが、小さな花の集まり。この花の形はサトイモ科の特徴で、サトイモのほかミズバショウなどにも同様のつくりが見られる。細長くすっとのびた花茎《かけい》の先に花がつき、葉はつやのある緑色で、スマートな印象。熱帯植物のため寒さに弱く、10℃以下では生育に適さないため、鉢植えで育てられることが多い。地植えで栽培する場合は、冬の間だけ掘り上げて室内で管理されることもある。

見てみよう

サトイモ科の「仏炎苞」

サトイモ科の花には「仏炎苞」がある。高さ3mにもなる世界最大の花、ショクダイオオコンニャクも同じつくりである。

サザンカ

［山茶花］

Camellia sasanqua

分類	ツバキ科ツバキ属
生活	常緑樹
樹高	5～15m
花期	10～12月
分布	四国、九州、沖縄
生育地	山地、庭、公園など

寒さが厳しくなる頃から、街を彩る花木

庭や公園、道路沿いなどに植えられ、秋が深まる10月頃から咲き始めて、寒々しい風景を明るく彩る。「サザンカ」とよばれる園芸品種には、国内に自生する野生種のサザンカから改良された系統のほかに、ヤブツバキ（p.90）とサザンカの雑種のハルサザンカや、サザンカの園芸品種のカンツバキから改良された系統がある。花色は白のほかピンク、紅色など。ツバキとの違いは花期や、雄しべが筒状にならないこと、花弁がバラバラに散ることだが、例外もある。

生き物とのつながり

たっぷりの蜜が鳥をよぶ

ツバキと同じく、鳥が花粉を媒介する花で、メジロ（写真）やヒヨドリなどの鳥がやってきて、花にくちばしを差し込む様子が見られる。

用語解説

アネモネ咲《ざ》き ● 雄しべやキク科の筒状花《とうじょうか》が、小さい花弁のように変化したものが花(または頭花)の中央に多数ある花の形。丁子《ちょうじ》咲きともよぶ。

一年草 ● 発芽してから1年以内に花を咲かせ、果実をつくり、地下部分を含めた全体が枯れる草。

越年草《えつねんそう》 ● 一年草のうち、秋に発芽して、冬越し後、夏までに花を咲かせ、1年以内に地下部分を含めた全体が枯れる草。

園芸品種《えんげいひんしゅ》 ● 園芸上価値がある形態や性質によって、ほかと区別される個体群。園芸品種名は‘’で囲んで表記する。

園芸名《えんげいめい》 ● 流通する際に用いられる園芸植物の通称名。

雄株《おかぶ》 ● 雄花しかつかない株。

雄花《おばな》 ● 雌しべがなく、雄しべだけの花。または、雄しべの生殖機能はあるが、雌しべの生殖機能が退化している花。

科《か》 ● 生物の分類階級の一つ。いくつかの「属」を集めて一つの「科」になる。

外花被《がいかひ》(片《へん》) ● がく片と花弁が同じような質や形をしている場合、がくに当たる部分を外花被、一枚一枚を外花被片という。

塊茎《かいけい》 ● 地下茎《ちかけい》が塊状になったもの。皮には包まれない。アネモネ(→94ページ)やシクラメン(→118ページ)の球根は塊茎。

外来生物法《がいらいせいぶつほう》 ● 2005年に施行された「特定外来生物による生態系等に係る被害の防止に関する法律」の略称。生態系、人の生命・身体、農林水産業へ被害を及ぼす、又は及ぼすおそれがある外来生物(海外起源の外来種)の飼養、栽培等を規制し、必要に応じて防除を行うことを定めたもの。

花芽《かが》 ● 将来、花になる芽。花のもと。花芽《かが》原基《げんき》ともよぶ。

花冠《かかん》 ● がくの内側にある、花弁(花びら)をすべて合わせて花冠とよぶ。

カクタス咲《ざ》き ● 八重咲きで、花弁が管状に細く巻く花の形。

がく(片《へん》) ● 花の一番外側にある部分。一枚一枚をがく片、それをまとめてがくとよぶ。

学名《がくめい》 ● 国際的な命名規約に基づいて名付けられた、世界共通の生物の名前。属名と種小名の組み合わせで表され、ラテン語で表記される。

花茎《かけい》 ● 地表からのびて、先端に花だけをつけ、葉をつけない茎。

花糸《かし》 ● 雄しべのうち、葯《やく》を支える部分。

仮種皮《かしゅひ》 ● 胚珠《はいしゅ》の付け根付近や柄が発達して、種子を包むもの。ザクロ(→85ページ)などでみられる。

花序《かじょ》 ● 花のつき方、または、花がついている枝の部分全体のこと。

果実《かじつ》 ● 花の雌しべの子房という部分が成熟したもの。またはそれを含むひとまとまりの器官。中に種子が入っている。

花穂《かすい》 ● たくさんの花が花序の軸に集まってつき、長く穂のようになったもの。総状、穂状など様々な花のつき方（花序の種類）のものをまとめてよぶ。

花被《かひ》（片《へん》） ● がく片と花弁のことをまとめて花被片といい、その全体を花被という。

花柄《かへい》 ● 花を支える柄。

花弁《かべん》 ● 一般に花びらとよばれる部分。がくの内側にある、花冠《かかん》の一枚一枚を花弁という。

仮《かり》雄《お》しべ ● 退化して花粉をつくらない雄しべ。ツユクサ（→244ページ）などにみられる。

冠毛《かんもう》 ● がくが変形して毛のようになったもの。キク科で多くみられる。

帰化植物《きかしょくぶつ》 ● 外国から、人によって持ち込まれ、あるいは人の移動とともに偶然入り込み、野生化した植物。

球茎《きゅうけい》 ● 地上の茎の根元にでき、球形になった地下茎《ちかけい》。薄い皮で包まれる。クロッカス（→33ページ）などの球根は球茎。

距《きょ》 ● がくや花冠の一部が細長い袋状に突き出たもの。奥に蜜がある。

偽鱗茎《ぎりんけい》 ● ラン科植物にみられる。地上の茎の一部が太くふくらんで栄養分を貯めているもの。

原種《げんしゅ》 ● 栽培植物（園芸植物）を生み出すもとになった、野生で生える植物。

交配種《こうはいしゅ》（交雑種《こうざつしゅ》） ● 遺伝的に異なる2つの植物を掛け合わせて生まれた植物。交雑種ともよぶ。

根茎《こんけい》 ● 地下茎のうち、球茎《きゅうけい》、塊茎《かいけい》、鱗茎《りんけい》など特殊な形のもの以外を根茎とよぶ。

在来種《ざいらいしゅ》 ● その地域にもともと生育、生息している生物。

三倍体《さんばいたい》 ● 母方と父方の染色体を1つずつもつ二倍体植物と、その倍の2つずつをもつ四倍体植物が交雑し、生まれたもの。減数分裂が正常にできないため、生殖能力がない。

自家受粉《じかじゅふん》 ● 一つの個体の花の雌しべと雄しべで受粉すること。

自生《じせい》 ● 人が植えたのではなく、その地域に自然の状態で生えること。帰化植物は含まれない。

雌雄異株《しゆういしゅ》 ● 雄花と雌花が違う株につく植物。シナレンギョウ（→42ページ）など。

種《しゅ》 ● 最も基本的な生物分類の単位。

種子《しゅし》 ● 雌しべの子房の中にある胚珠《はいしゅ》という部分が成熟したもの。中に植物体の元になる部分（胚《はい》）があり、これが生長して新しい植物体となる。

宿根草《しゅっこんそう》 ● 園芸用語で、多年草のうち、球根植物などを除いたもの。地下部分が何年も生き残り、毎年花を咲かせる。

小葉《しょうよう》 ● 2個以上の部分に分裂した葉を複葉といい、その一つ一つの部分を小葉という。

常緑樹《じょうりょくじゅ》 ● 一年中緑の葉をつけている木。

ずい柱《ちゅう》 ● 雄しべと雌しべが融合したもの。ラン科やガガイモ科の植物にみられる。

装飾花《そうしょくか》 ● 雄しべや雌しべが退化して、生殖機能がない花のうち、アジサイ(→206ページ)やオオデマリ(→280ページ)のように、花被が美しいもの。

総苞《そうほう》(片《へん》) ● 花序《かじょ》(花の集まり)の付け根につく、複数の苞。全体を総苞、一枚一枚を総苞片という。タンポポの仲間(→38～39ページ)、ハナミズキ(→138ページ)など。

属《ぞく》 ● 生物分類で種《しゅ》より一つ上の単位で、似ている種を集めてグループにしたもの。

属名《ぞくめい》 ● 似ている種《しゅ》を集めた属の名前で、学名の前半部分につけられる。園芸植物は、属名でよばれることも多い。

托葉《たくよう》 ● 葉の付け根につく、葉のような器官。とげや巻きひげの形になることもある。

多肉質《たにくしつ》 ● 葉などがぶ厚くなり、中にたくさんの水を含んでいること。

多年草《たねんそう》 ● 地下部分が2年以上生き、毎年花を咲かせる草。地上の葉も生き続ける常緑性の多年草と、地上部分は1年ごとに枯れる落葉性の多年草がある。

短日植物《たんじつしょくぶつ》 ● 一日のうち、暗い時間(夜)が一定の長さ以上続くことで、花芽が形成される植物。カランコエ(→35ページ)やポインセチア(→116ページ)など。

地下茎《ちかけい》 ● 地下の土中にある茎の総称。

丁子咲《ちょうじざ》き ● →アネモネ咲き

つる性《せい》 ● 地上の茎や幹が自立せず、何かに巻きついたり、巻きひげや付着根《ふちゃくこん》で何かにはりついたりしてのびる性質。

頭花《とうか》 ● 頭状花序の略で、花の軸の先端に花柄のない花が複数つくもの。小さな花が集まって、一つの花のように見える。キク科などでみられる。

内花被《ないかひ》(片《へん》) ● がく片と花弁が同じような質や形をしている場合、花弁に当たる部分を内花被、一枚一枚を内花被片という。

二年草《にねんそう》 ● 発芽してから2年目に花を咲かせ、果実をつくり、2年以内に枯れる草。

バルブ ● →偽鱗茎《ぎりんけい》

品種《ひんしゅ》 ● 同じ種のなかで、色の違いなどごく一部について、基準の群と形質の違いがあるもの。学名ではf.をつけて示す。園芸品種とは異なるが、園芸品種の意味で使用されている場合がある。

副花冠《ふくかかん》 ● 花冠《かかん》と雄しべの間にある、花冠の一部などが変形してできた付属物。スイセンのなかま(→246～247ページ)、トケイソウ(→198ページ)などにみられる。

節《せつ》 ● 茎の、葉がつく部分。

仏炎苞《ぶつえんほう》 ● 花序《かじょ》(花の集まり)を覆うようにつく、一枚の大きな苞。スパティフィラム(→307ページ)など。

冬芽《とうが》 ● 木や多年草にみられる、冬に休眠する芽。葉になる葉芽《ようが》、花になる花芽《かが》、両方が出る混芽《こんが》がある。

閉鎖花《へいさか》 ● 開花しないまま、自家受粉で種子をつくる花。

変種《へんしゅ》 ● 同じ種のなかで、大きさや毛の有無など形質の違いで、基準の群と区別できるもの。学名ではver. をつけて示す。

苞《ほう》 ● 花の付け根、または花柄につく、葉が変形したもの。葉とは質や色が異なる。

ほふく性《せい》 ● 茎や枝などが、地表をはうように、水平方向にのびる性質。

ポンポン咲《ざ》き ● 小輪の八重咲きで、花弁の先端が丸くなり、下の方が管状になってポンポンのようになる花の形。

雌株《めかぶ》 ● 雌花しかつかない株。

雌花《めばな》 ● 雄しべがなく、雌しべだけの花。または、雌しべの生殖機能はあるが、雄しべの生殖機能が退化している花。

葯《やく》 ● 雄しべのうち、花粉が入っている部分。

野生化《やせいか》 ● 栽培されていた植物が、野生の状態で自然に繁殖するようになること。

野生種《やせいしゅ》 ● 人が植えて栽培するための植物である栽培種に対し、その地域に自然の状態で生える植物を野生種とよぶ。

雄性先熟《ゆうせいせんじゅく》 ● 雄しべが雌しべより先に成熟することで自家受粉を防ぐ性質。逆に雌しべが先に成熟する場合は雌性先熟《しせいせんじゅく》という。

葉柄《ようへい》 ● 葉の、茎とつながっている細い柄の部分。葉柄がない葉（無柄葉）もある。

落葉樹《らくようじゅ》 ● 生育に適さない時期（日本では主に冬）に葉を落とし、休眠する木。

ランナー ● 地表をはうようにのび、その先端から芽と根を出す茎。ユキノシタ（→290ページ）などでみられる。

両性花《りょうせいか》 ● 一つの花に雄しべと雌しべの両方がある花。

鱗茎《りんけい》 ● 短い地下茎《ちかけい》のまわりに、ぶ厚くなった葉がたくさんつくもの。ヒガンバナ（→114ページ）などの球根は鱗茎。

ロゼット ● 地面に張りつくように放射状に広がって冬を越す葉。

和名《わめい》 ● 日本語で付けられた生物の名前。なかでも正式名として使用するよう決められた和名を標準和名という。

［参考文献］

『園芸植物大事典』1～6（小学館）、山渓ハンディ図鑑1～2『野に咲く花』『山に咲く花』、山溪カラー名鑑『日本の樹木』（山と溪谷社）、『日本帰化植物写真図鑑』、『写真で見る植物用語』（全国農村教育協会）、『四季を楽しむ花図鑑500種』（新星出版社）、『図説 植物用語事典』（八坂書房）、『ビジュアル園芸・植物用語事典』（家の光協会）、『語源辞典 植物編』（東京堂出版）、『基礎から学べる「はなとやさい」づくりの園芸用語事典』、『草木の種子と果実』（誠文堂新光社）、『花の品種改良の日本史』（悠書館）、『昆虫の食草・食樹ハンドブック』、『昆虫の集まる花ハンドブック』、『スミレハンドブック』（文一総合出版）

さくいん

本書に掲載している花の名前を50音順に並べてあります。**太字は写真掲載種です。**

タ

ナ

監修者：小池安比古（こいけやすひこ）

1964年生まれ。愛媛県出身。大阪府立大学農学部卒業。博士（農学）。東京農業大学農学部農学科園芸学研究室教授。専門は花き園芸学、人間植物関係学。主な著書に『観賞園芸学』（文永堂出版：分担執筆）、『球根類の開花調節』（農林漁村文化協会：分担執筆）などがある。現在、厚木市緑を豊かにする審議会会長、JFTD学園（日本フラワーカレッジ）非常勤講師も務める。

著　者：大地佳子（おおちよしこ）

1973年生まれ。千葉県千葉市出身。筑波大学第二学群比較文化学類卒業。編集プロダクション勤務後、フリーランスで、主に植物や園芸、自然に関する書籍の編集や執筆に携わる。森林インストラクター、ネイチャーゲームインストラクターとして、地域での自然体験イベント等の活動を行っている。

写　真：亀田龍吉（かめだりゅうきち）

1953年生まれ。千葉県館山市出身。自然写真家。人間も含めたすべての自然の関わり合いを見つめながら写真を撮り続けている。植物も野生種から野菜やハーブ、園芸種にいたるまで人間との関係を大切にしたいと考えている。主な著書及び共著に『雑草の呼び名事典』（世界文化社）、『花と葉で見分ける野草』（小学館）、『野草のロゼットハンドブック』『花からわかる野菜の図鑑』『ウメハンドブック』（文一総合出版）などがある。

本書に関するお問い合わせは、書名・発行日・該当ページを明記の上、下記のいずれかの方法にてお送りください。電話でのお問い合わせはお受けしておりません。

・ナツメ社webサイトの問い合わせフォーム
　https://www.natsume.co.jp/contact
・FAX（03-3291-1305）
・郵送（下記、ナツメ出版企画株式会社宛て）

なお、回答までに日にちをいただく場合があります。正誤のお問い合わせ以外の書籍内容に関する解説・個別の相談は行っておりません。あらかじめご了承ください。

色《いろ》と形《かたち》で見《み》わけ 散《さん》歩《ぽ》を楽《たの》しむ花《はな》図《ず》鑑《かん》

2018年　5月11日　初版発行
2023年　7月　1日　第12刷発行

監修者　小《こ》池《いけ》安《やす》比《ひ》古《こ》
著　者　大《おお》地《ち》佳《よし》子《こ》
発行者　田村正隆

発行所　株式会社ナツメ社
東京都千代田区神田神保町1－52　ナツメ社ビル1F（〒101-0051）
電話 03-3291-1257（代表）　FAX 03-3291-5761
振替 00130-1-58661

制　作　ナツメ出版企画株式会社
東京都千代田区神田神保町1－52　ナツメ社ビル3F（〒101-0051）
電話 03-3295-3921（代表）

印刷所　ラン印刷社

ISBN978-4-8163-6437-2

Printed in Japan

〈定価はカバーに表示してあります〉〈乱丁・落丁本はお取り替えします〉